図解 眠れなくなるほど面白い

AI（人工知能）とテクノロジーの話

日本デジタルゲーム学会理事・人工知能学会編集委員
三宅陽一郎 監修
Youichiro Miyake

日本文芸社

はじめに

１９７５年から１９９５年は世の中にコンピューターが導入された時代でした。１９９５年から２０１５年は世の中にインターネットが行き渡った時代でした。そして２０１５年から２０３５年は世の中に人工知能が敷衍《ふえん》して行く時代になります。本書は人工知能が世の中に広がって行く時代のためのハンドブックです。人工知能が社会を変えて行くポイントが簡潔に説明されています。ぜひ、本書を携えて新しい時代を旅してみましょう。

人工知能は人間の知能の延長でもあります。コンピューターとソフトウェア、インターネットがそうであったように、人工知能を理解し、自在に使いこなすことで、自分の知的活動を何倍にも増幅することができます。人工知能もまた、それをうまく用いることで、個人の知的生活を何倍にも豊かにしてくれるものです。

人工知能は何か一つの大きな人工知能がすべてを変えて行く、というわけではありません。それぞれの問題ごとに独立した人工知能があります。人工知能が社会を変えて行くポイントは多数あります。本書はそのポイント、ポイントを、見開き2ページの中に直感的な図と本質を得た文章を並べて説明することで、短時間で理解できるようになっています。

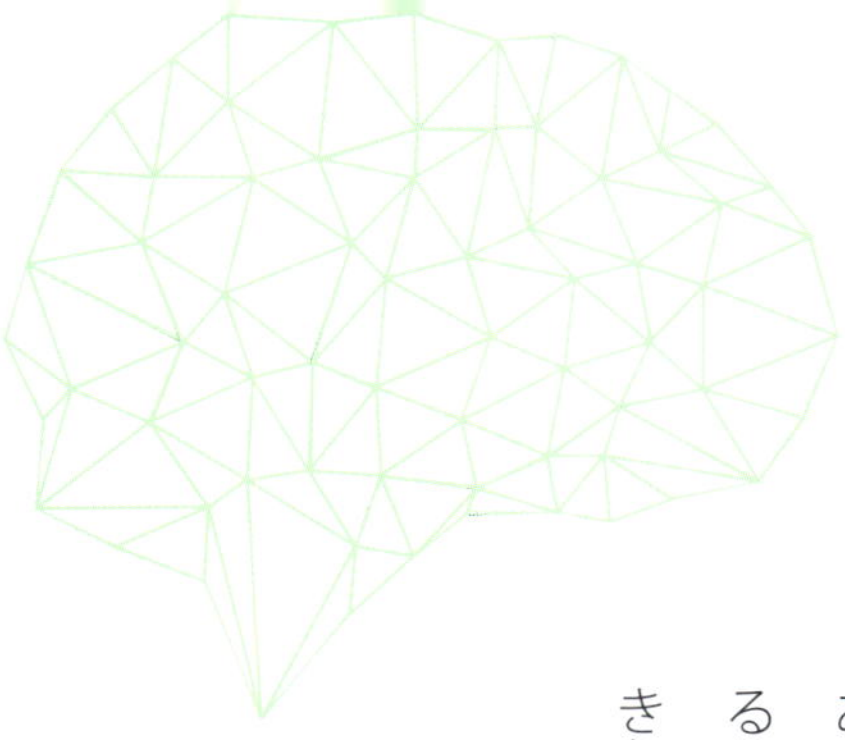

これは誤解が多い点ですが、人工知能が、何か一つの問題で、たとえば囲碁などで、人間を凌駕《りょうが》することできても、それは即座に他のすべての問題で人間を凌駕することを意味しません。人工知能は問題ごとに進化していて、その進化はまちまちなのです。人間を凌駕した囲碁ＡＩが将棋を指せるわけではなく、画像を判別するＡＩが文章の読み書きができるわけではありません。ではどれだけ問題があるのだろうと思ったときには、本書の目次を眺めてみることをお勧めします。気になる問題から読んで行けば、人工知能がそこかしこで発展している全体的な息吹を感じられるようになるでしょう。

人工知能は、これまでの技術と同じように、それを用いる人の心によって、善にも悪にも染まります。現在の人工知能は、「問題とそれを解決する方向」を人間が提示する必要があります。その与え方一つで、人工知能が育って行く方向が決まります。その方向を決めるのは人間のビジョン次第です。本書を読みながら、ぜひ未来への良い夢を描いていただきたいと思います。

２０１８年11月　　三宅　陽一郎

図解 眠れなくなるほど面白い

AIとテクノロジーの話

目次

図解 眠れなくなるほど面白い

AIとテクノロジーの話

目次

第1章

知っておきたい身近になったAIと最新テクノロジー

AIの存在を身近に感じられるロボットたち

感情を持ったロボットこそ、未来に託された夢の始まり

「AI（人工知能）＝ロボット」というイメージを持っている人は、少なくないはずです。

1950年に出版されたSF界の巨匠アイザック・アシモフ氏『われはロボット』には、すでにロボットが人間に対して守るべき行動規範が定められていました。さらに日本国内ではSF小説やマンガ、アニメのカルチャーが発達し、将来的には人の形をしたアンドロイドが友だちになってくれたり、生活を支えてくれたりするんだと信じている人は、世界に比べてみても多いのではないでしょうか。

2003年には、人間の女性そっくりにつくられたアンドロイドが発表され、2005年の「愛・地球博」で**接客ロボット「アクトロイド」**という名称で、実際に使われました。AIと音声認識技術による簡易な会話や、センサーによる感情と行動を結び付けた画期的なロボットの登場ともいえます。

2014年には、ソフトバンクが発表したクラウド型AIと感情を表現するエンジンを搭載した本格的**AIロボット「Pepper」**が登場します。みなさんが、一番身近に感じたAIロボットだともいえるでしょう。2015年には法人向けだけでなく、個人でも購入できるようになり、今では世界中で利用されています。以降国内では、Pepperと同じような**クラウド型AIを搭載した家庭用の小型ロボットも続々と発売**されました。

ただしAIを搭載し、人と友だちになれるレベルのロボットは、残念ながら誕生していません。最近ではロボットの形が必要なのかという議論も多く聞かれます。それでも人間が夢に描くロボットは、近い将来誕生すると思いたいところです。

ロボット発展の歴史

日本	からくり人形
世界	オートマタ

しかけで一定の動作を繰り返し行うロボット

↓

映画や小説などに人類が想像できる「あらゆるタイプのロボット」が登場しはじめる

↓

1952年	「鉄腕アトム」(手塚治虫・作)発表
1970〜80年代	ロボットアニメブーム

↓

1999年	犬型ロボット「AIBO」発売(ソニー)
2000年	二足歩行ロボット「ASIMO」登場(ホンダ)

↓

2005年	AIアンドロイド「アクトロイド」登場(ココロ)
2014年	AIロボット「Pepper」登場(ソフトバンク)
2019年	家族型ロボット「LOVOT(らぼっと)」発売
2021年	自律型会話ロボット「Romi(ロミィ)」発売

AI搭載ドローンで配達の自動操縦が可能になる

撮影するだけじゃないドローン最新事情

自動車の自動運転や小型無人機である**ドローン**といった次世代技術の活用によって、物流業界は大変革の時期を迎えています。中でもドローンは、**測量、空中撮影、災害救助、物資の運搬などさまざまな用途への活用**が期待されているツールです。

　ドローンによる配送は、ドローンの本体に設置されたコンテナに荷物を入れて、無人飛行により目的地まで届けるというもので、配送の自動化、配送時間の短縮による人手不足の解消などが可能となります。さらに、新規参入に伴うコストも従来の方法よりも安価に抑えることができることから、競争による業界の活性化も見込めます。

　しかし、よいことばかりではありません。ドローンには発着基地である**ドローンポート**の設置といった専用インフラの整備、ドローンは航空機に該当するため**航空法の規制に縛られる**など、実現のために乗り越えなければならない壁がいくつもあります。

　アマゾンも「プライムエア（Prime Air）」と銘打ちドローンでの自動配送を実現させるため開発に力を入れていましたが、今現在は実現していません。

　国内ではドローンを制限する航空法により、常に操縦者か補助者が目視で機体を確認しながら飛行させる必要があります。従って遠くまで荷物を運ぶドローン配送は実現不可能。そのため、国土交通省は2018年9月飛行承認の許可要領を改定し、第三者が立ち入る危険性が少ない離島や山間部などに限って目視外飛行ができるようになりました。

　今後はセンサーの高性能化、AIの搭載、画像認識技術、ディープラーニングの強化により目視外での完全な自律飛行が実現する可能性があります。

さまざまな用途に活用可能なドローン

ドローンは多種多様な用途への活用が期待されている

ドローン配送とは何か

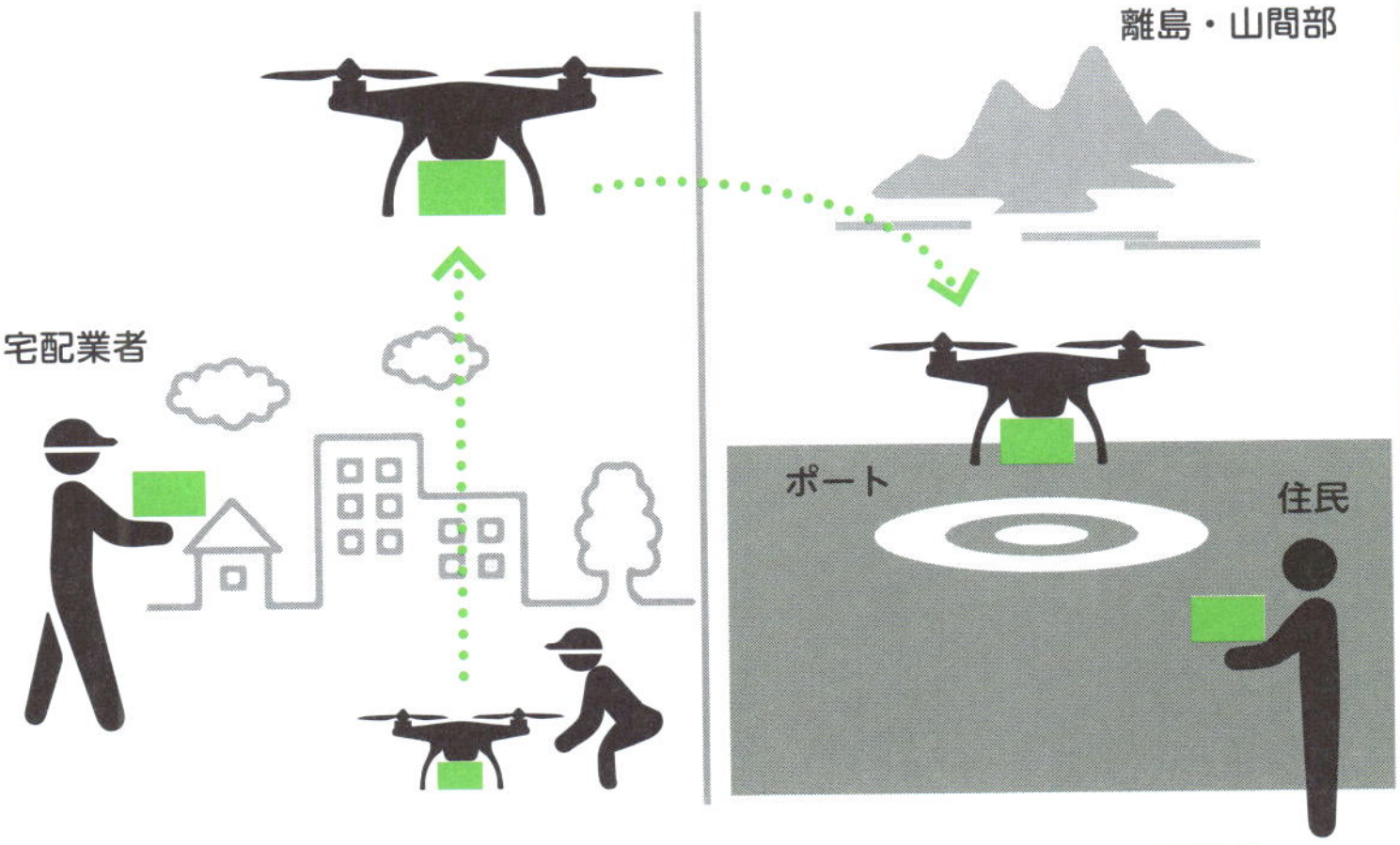

ドローンによって荷物を空送すること（現在は離島または山間部のみ）

AIとディープラーニングが検索精度を高める

検索サイトの裏側で何が起こっているのか

調べ物をするときに、欠かせないのがインターネットです。最大手グーグルの検索は、どのようなしくみになっているのでしょうか。

私たちは、グーグルでキーワードを入力すると、検索結果がすぐに表示されます。一見するとこのときにさまざまなウェブページを調べて表示しているように見えますが、実はそうではありません。

これは、同社が提供しているグーグルマップを例に取るとわかりやすいでしょう。住所や建物名を入力すると地図や周辺の画像(ストリートビュー)を表示しますが、これはあらかじめグーグルカーが道路をくまなくまわって撮影を行い、さまざまな情報を整理してあるためです。その結果、住所や建物の名前を入力すると一瞬で表示されるのです。検索も同様に巡回プログラムを使用してウェブページの情報を取得し、情報を整理しています。そして**検索キーワードとユーザーに返す情報を分析する一連のアルゴリズムで構成されたランキングシステム**によって、有益な検索結果を一瞬で表示します。アルゴリズムには多くの種類がありますが、その中に**ディープラーニング(42ページ参照)とAIを活用したランクブレイン(RankBrain)**があります。これは曖昧なキーワードであってもどのような情報を求めているのか予測してくれたり、検索履歴を学習することで精度を高めたりしているのです。

また、グーグルの検索実績が少ないマイナーなキーワードであっても、入力した人が何を必要としているのかを考えて、近いキーワードを推測して検索を行います。そのため、検索を行うほどランクブレインは賢くなっていくのです。

情報は検索前に取得・整理されている

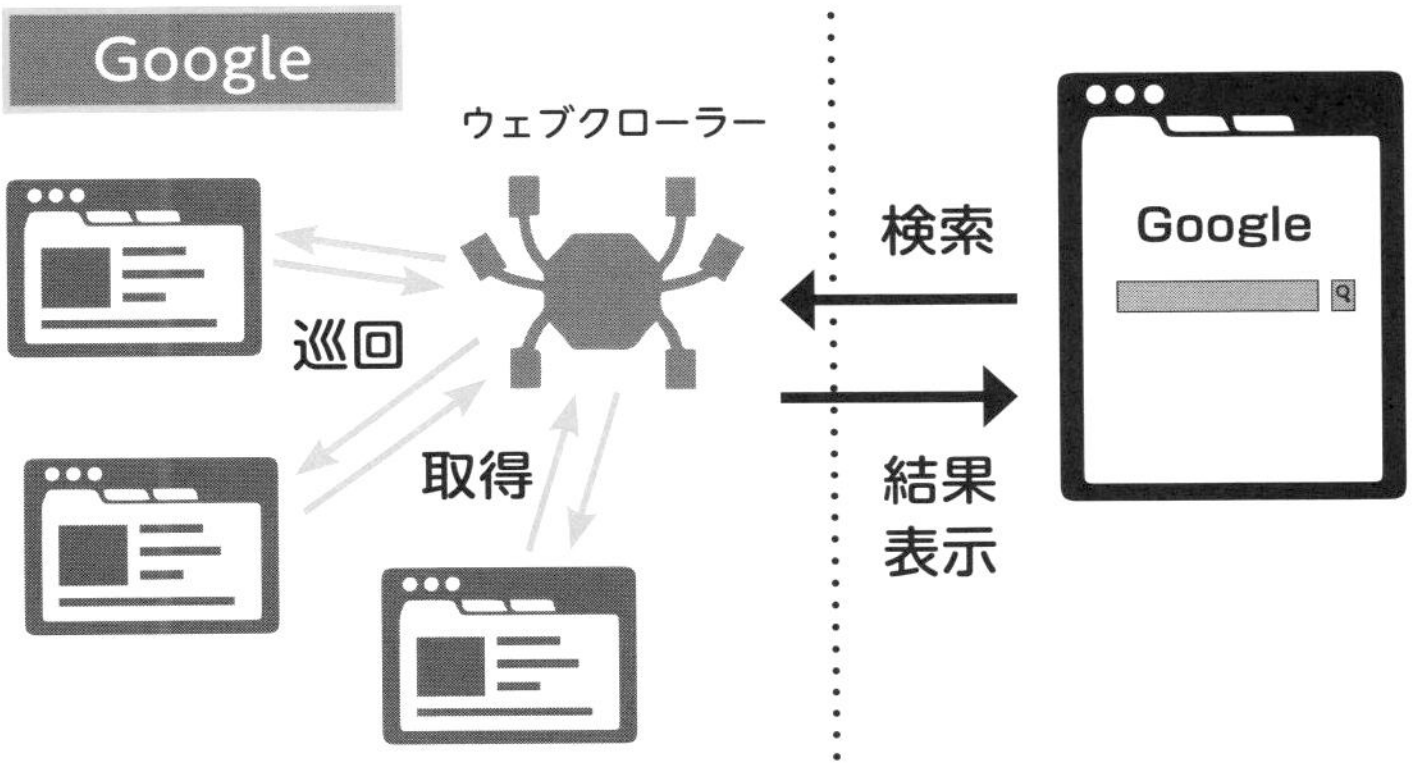

あらかじめウェブクローラーというプログラムが
ウェブページを巡回、取得した情報は整理保存されている

ディープラーニングとAIを活用したRankBrain

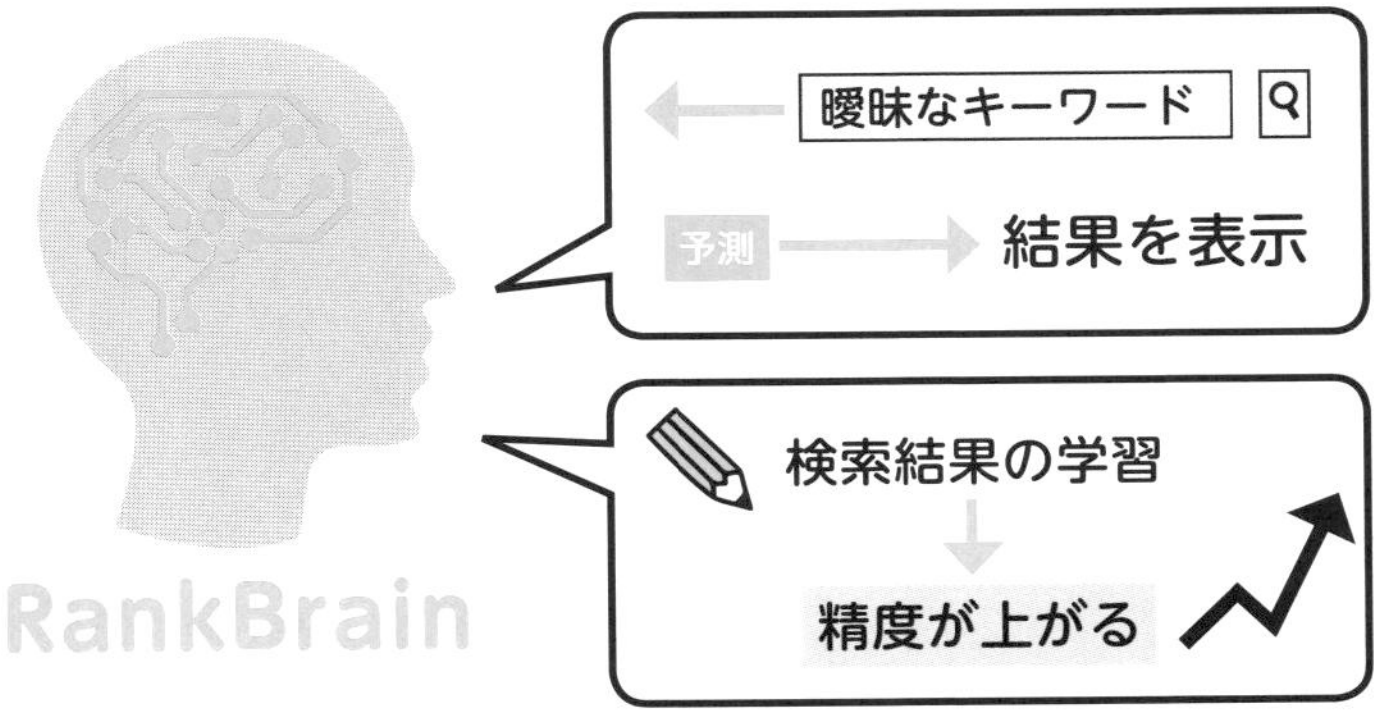

ディープラーニングとAIを活用して検索結果の精度を上げる

ソニー&タクシー会社がAIを活用した配車サービス

本格的なタクシー配車サービスがスタート予定

ソニーとソニーペイメントサービス、タクシー会社7社は、2018年5月にタクシー関連サービス事業準備会社「**みんなのタクシー株式会社**」を設立、同年9月にソニーとソニーペイメントサービス、タクシー会社5社との合意に基づき事業会社へ移行しました。**S・RIDE株式会社**（現**S・RIDE株式会社**）は、ソニーが所有するAI技術、イメージング／センシング技術などを利用してタクシーの需給予測サービスやタクシーの配車サービス、決済代行サービス、後部座席広告事業などを展開しています。

タクシー会社5社は、東京都内を中心にサービスを展開、最大規模（1万台以上）のタクシー車両を所有しています。それぞれライバル企業ですが、サービスを活用することで効率化を目指しました。

背景には、深刻な人手不足と人材の高齢化、そしてタクシー業界の構造的な問題があります。利用客が乗車するのは、駅や空港などの待合所が主ですが、空車で走行中しているタクシーは、いつでもどこでも乗車できます。タクシー会社はなるべく効率よく利用客を探し出し、乗せる必要がありますが、常に需要と供給が合致するとは限りません。

しかし、**これまで利用客を見つけるという点では、ベテラン運転手の経験に頼る部分が大きかった**のも事実です。そのサービスの核心部分である需給予測や配車サービスをAIに任せようというものです。

例えばスマートフォン用の配車アプリの中には、乗車地点と行き先を入力すると、AIが乗車地点に最も近い場所にいるタクシーを手配してくれるものがあります。**タクシーの運転手と乗客、双方に大きなメリットがあるサービス**といえるでしょう。

タクシー業界の課題

AIを活用した配車サービス

配車アプリの例

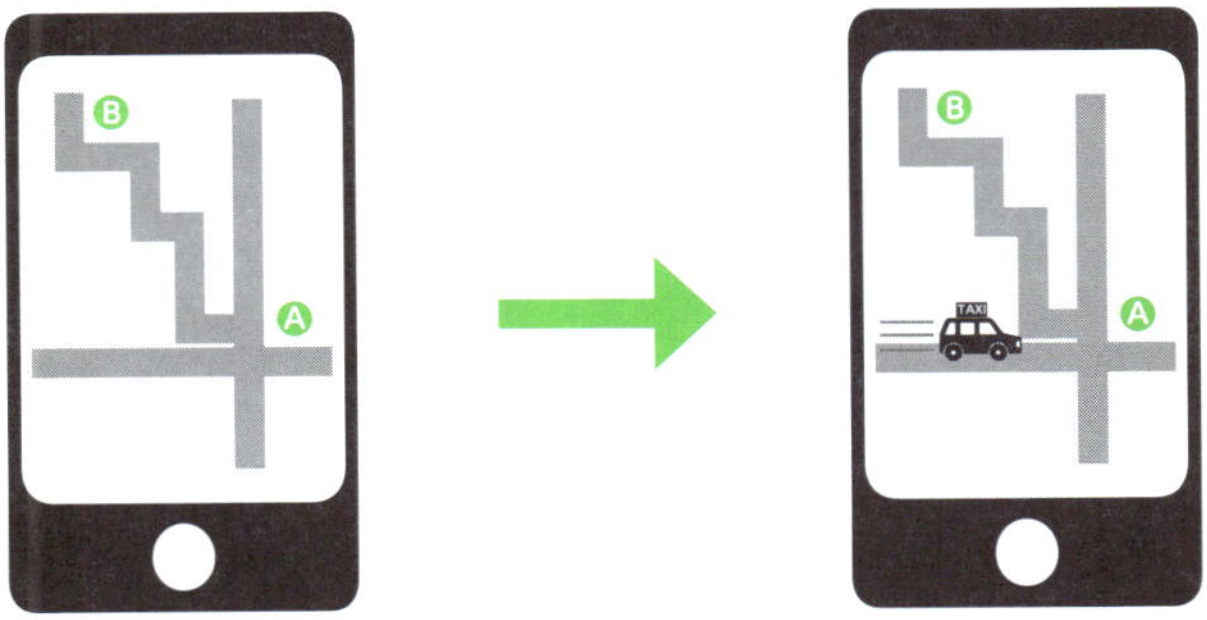

アプリで乗車地点(Ⓐ)、
行き先(Ⓑ)を入力

AIが乗車地点(A)に
最も近いタクシーを手配する

自動運転技術の定着は3Dイメージングセンサーが鍵

AIと3Dセンサーでモノの位置を特定する

自動車業界で近年、特に進歩が著しいのが**自動運転技術**です。自動車メーカーはもちろん、テスラやアップル、グーグルなどさまざまな企業が参入し、研究開発にしのぎを削っています。

自動運転の基本的なしくみは、人間による運転とほぼ同じと考えてよいでしょう。運転者は前後左右の視角情報をもとにアクセルやブレーキを踏む、車線変更を行うなど、どのように運転するかを判断します。自動運転の場合は、センサーの情報をもとに、**自動車に搭載されたコンピューター（AI）がどのように運転するかを判断して加速、減速、ハンドルを切るといった動作を自動で行う**のです。

中でも、周囲の状況を把握する上で人間の目に相当する「センサー」は非常に重要です。用途に応じて電波や超音波のセンサーが用いられていますが、現在**ライダー（LiDAR）というセンサー技術が注目を集めています。**

これは「Light Detection and Ranging」の略で、レーザー光で物体の距離や向きをリアルタイムかつ立体的に把握するものです。**短い波長で正確な計測と3次元の形状分析ができることが特徴**で、前方の対象物が何であるか把握できるようになります。そして、これによって人間であればブレーキを踏む、自動車であれば車線変更を行うといった的確な判断が可能となり、自動運転の安全性がより確実なものとなるのです。

ライダーは、自動車だけでなく工場で働くピッキング用ロボットやセキュリティ、ドローンなどにも活用できるため、多種多様な企業の競争が激化し、低コスト化が進みつつあります。

自動運転のしくみ

自動車に搭載されたAIの動き

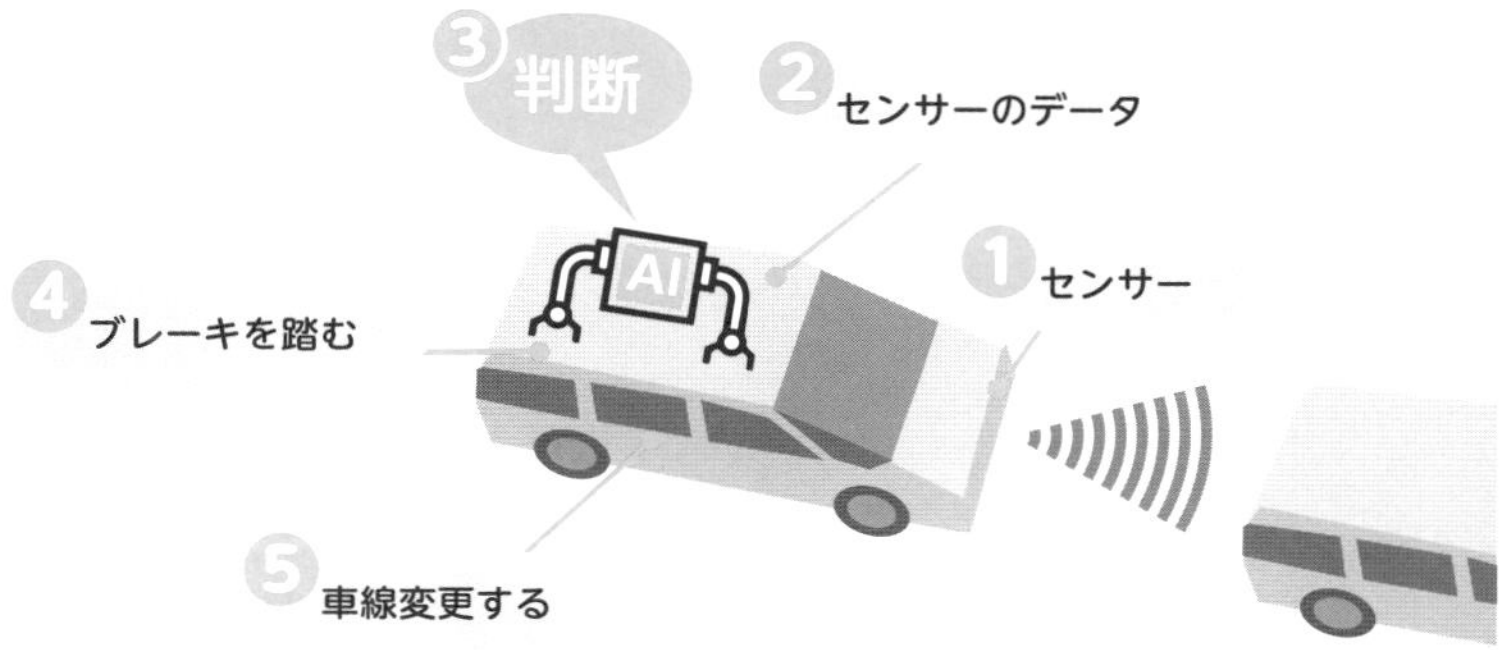

センサーの情報をもとにコンピューター(AI)が自動で運転する

安全性のカギを握るセンサー

LiDARのセンサー技術

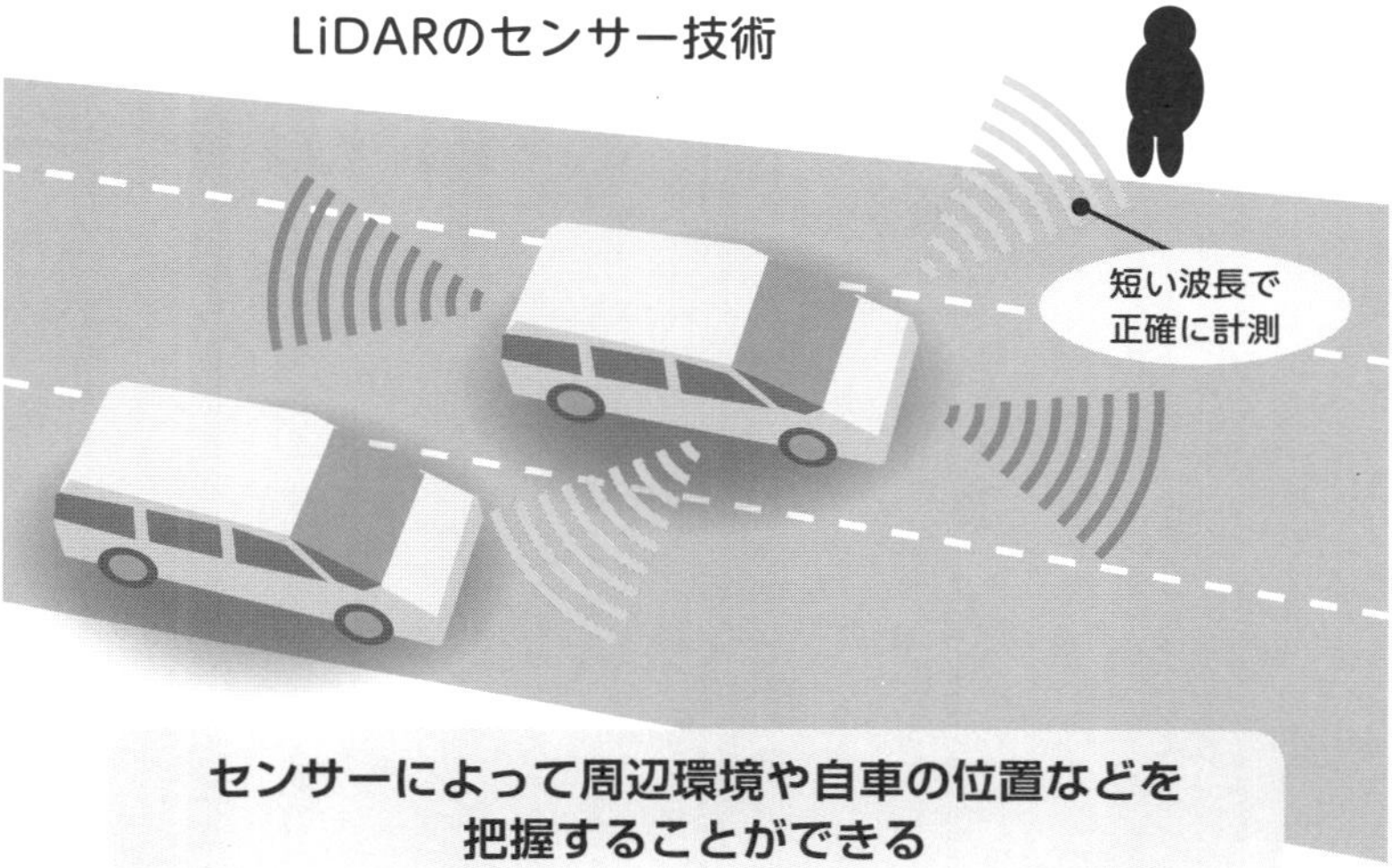

センサーによって周辺環境や自車の位置などを把握することができる

メタバースで毎日の生活を仮想空間で完結させる

毎日バーチャル空間で過ごす日もすぐ来る?

コンピュータとインターネットを使って、目の前にないものを見たり、聞いたりする技術が大きく進化しています。なかでも注目度が高い**メタバース（仮想空間）**では、3次元の仮想空間でコミュニケーションできることに注目が集まっています。2021年10月には、SNS大手のフェイスブック社（Facebook）が、社名を**メタ社（Meta）**へ変更するなど、その将来性の高さにも注目が集まりました。

現実世界にCGのキャラクターを重ねて表示するゲームアプリ「ポケモンGO」などの**AR（拡張現実）**。ヘッドマウントディスプレイで仮想世界に没入し、まるでその世界にいるような感覚を体験できるソニーのプレイステーションVRなどの**VR（仮想現実）**。マイクロソフトのホロレンズでは現実世界を見ながら、その中にCGの仮想世界を映し込む**MR（複合現実）**などの技術が確立され、**XR（クロスリアリティ）**という総称で呼ばれています。

これまでも仮想空間でつながるアプリやゲームはありましたが、大きな違いはメタバースが日常を再現し、ユーザー同士がコミュニケーションしたり、コンテンツを楽しんだりすることを目的としたことです。さらに時代はスマートフォンやオンラインゲームの普及、ヘッドマウントディスプレイの高性能化と低コスト化など、物理的な要因も大きいといえます。端末に制限されることなく、アクセスできることで多くの人々が使う機会を得たともいえます。さらにコロナ禍で外出を控えざるを得ない状況で、会議や趣味の場を共有できることが拍車をかけました。このまま進化を続けると、**現実世界と同じような生活がメタバースで実現される**と期待されています。

XR（AR・VR・MR）とメタバースの違い

AR ＝ Augmented Reality

拡張現実

現実世界 ＋ CG

スマホ

VR ＝ Virtual Reality

仮想現実

仮想世界に入り込む

MR ＝ Mixed Reality

複合現実

現実世界と3Dホログラムを見ながら議論や検討ができる

3Dホログラム（完成予定のCG）

メタバース ＝ Metaverse

3次元の仮想空間

お互いのアバターを使用して、リアルに近い雰囲気で会議などに出席できる

すべてがインターネットにつながるＩｏＴの最新事情

今更聞けないテクノロジーの基本

ＩｏＴ《アイオーティー》(Internet of Things)は、センサーなどのさまざまなモノがインターネットに接続され、データの送受信や装置の制御を行うしくみをいいます。

ＩｏＴの例としては**対話型のＡＩアシスタントを搭載したスマートスピーカー**が有名ですが、センサーや通信機能を搭載したデバイス(電子機器)の低価格化により、工場、ビル、医療分野、観光地に至るまであらゆる分野に急拡大しています。

観光地ではレンタサイクルにセンサーなどを搭載、位置情報などをモニターして観光客の移動を見守ることに利用されています。また、店のゴミ箱にセンサーを取り付け、ゴミが一定量を超えるとスマートフォンに通知され、業者が回収に向かうといった実証実験も良好な成果を上げています。

介護の分野でも、下腹部にセンサーを装着する排泄予知ウェアラブル端末があります。これは膀胱《ぼうこう》の膨らみ具合を超音波で測定して専用のアプリに送信、何分後に排泄があるかを分析してくれるというものです。本人や介護担当者のスマートフォンに通知してくれるので、排泄介助に役立っています。

排泄予知ウェアラブル端末は健康管理の一部といえますが、こうした健康志向は人間だけではなく、ペットの世界にも広がっています。

猫用のシステムトイレに体重センサーや尿トレイセンサーなどを搭載し、猫の体重や尿の量、回数といった健康データを分析し、スマートフォンでモニターできるサービスが実現しています。

このように、一見すると気がつかないところで密かに役立っている——そんな役割が、ＩｏＴの真骨頂といえるのかもしれません。

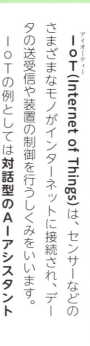

IoTの活用例

レンタサイクル

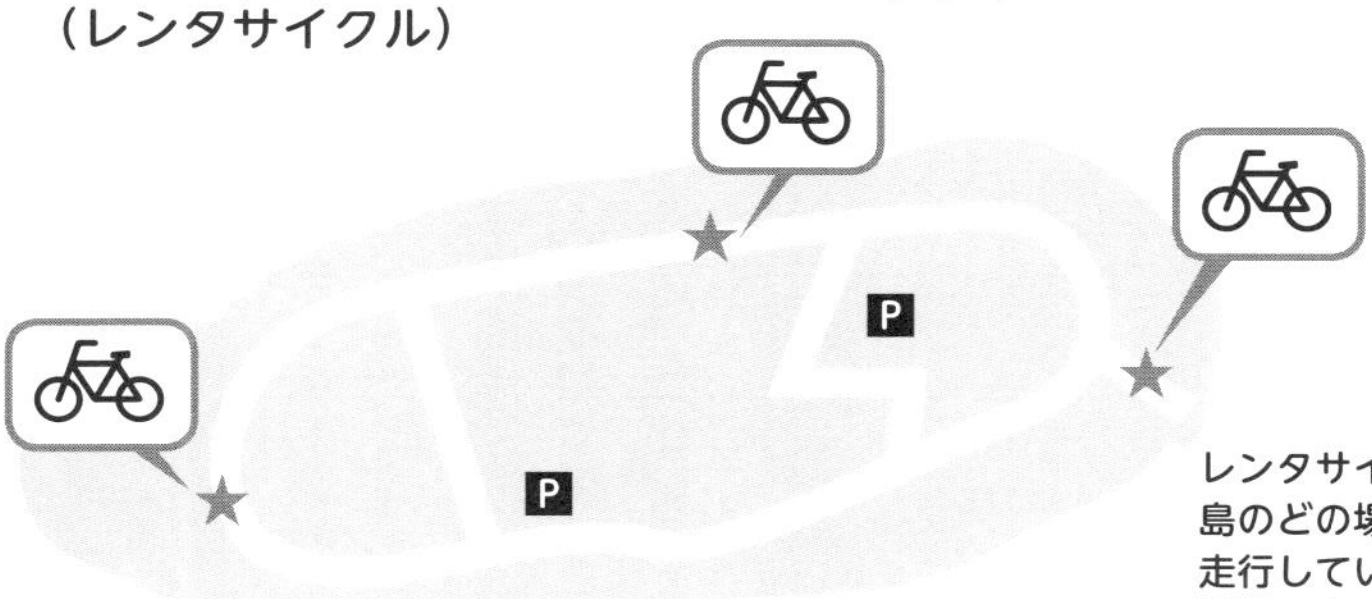

レンタサイクルが
島のどの場所を
走行しているか
確認できる

排泄介助

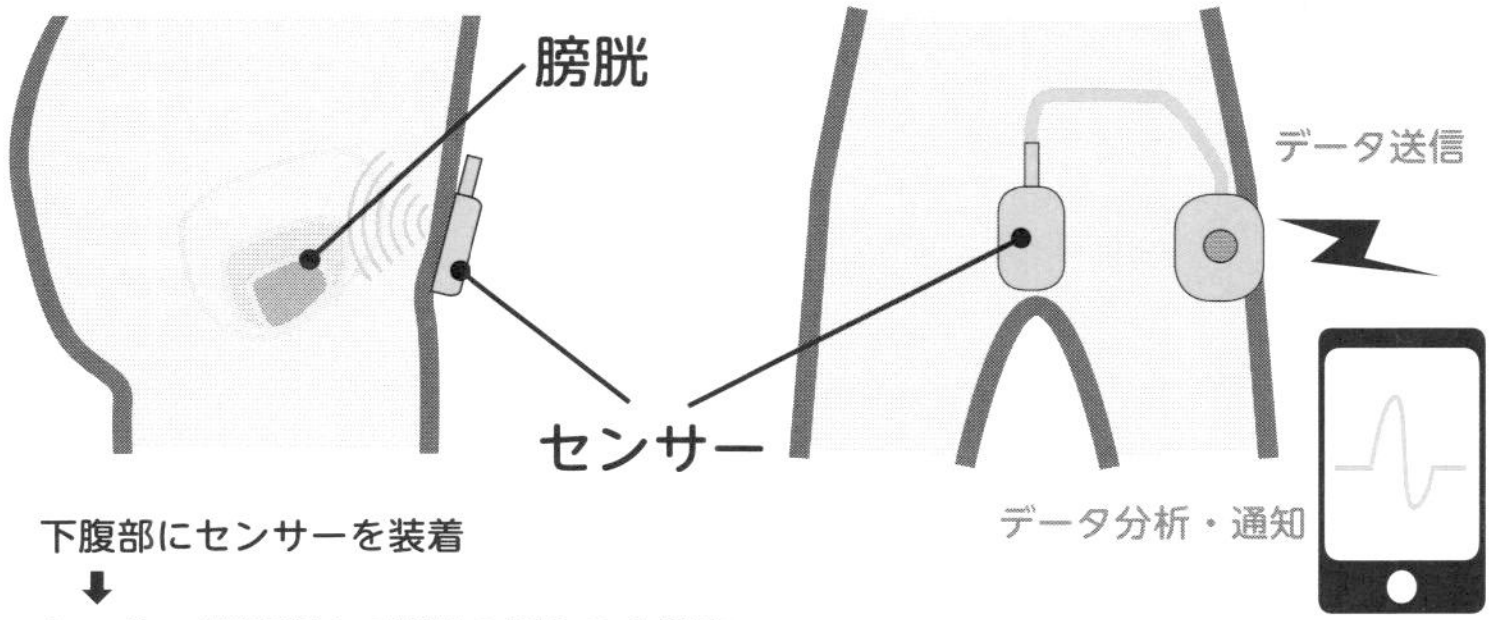

下腹部にセンサーを装着
⬇
センサーが超音波で膀胱の膨らみを測定
⬇
スマートフォンに取得データを送信
⬇
データを分析し、
何分後に排尿があるかを通知

自力排泄の促進や排泄介助の効率化を実現

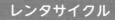

画像解析技術の進歩が顔認証のセキュリティを強化

銀行も本格導入に踏み切った顔認証技術

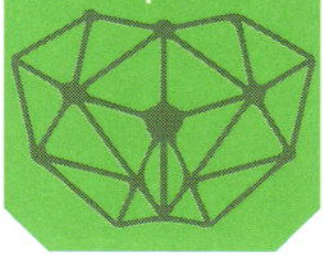

パソコンやスマートフォンの普及により常時インターネットに接続しているのが当たり前となったことで、ハッキングやパスワード、個人情報の漏洩《ろうえい》などが問題となっています。そこで、**本人の指紋や瞳の中の虹彩《こうさい》、顔写真など身体的特徴を利用した「生体認証」を採用する**ところが増えてきました。

中でも**顔認証技術**はライブのチケット購入や、みずほ銀行どのインターネットバンキングのログインで使用されています。指紋や虹彩とは異なり、専用の装置や利用者による特別な操作が不要であること、一般的に相手を判別するときに用いられるため心理的負担が少ないこと、ＩＤカードなどとは違って貸し借りやなりすましなどの不正を防止できるといったメリットがあるからです。

これまでは照合時の顔の向き、表情、照明、眼鏡の有無などの違いにより、同一人物であると判断できないことがありました。しかし、**ディープラーニングとＡＩによる画像認識技術を導入**することで、顔認証の精度は飛躍的に高まったのです。

顔認証には、大きく分けて**「顔の検出」と「顔の照合」の2つの処理が必要**となります。顔の検出では、画像の中から顔の領域がどこにあるかを見つけて決定、目・鼻・口などの顔が持つ特徴点を検出して、それらがどこに位置しているかを判断します。そしてそれらの位置から顔の領域や大きさを判断します。次に膨大なデータベースの中から、似た特徴を持つ画像を検出し、顔の照合を行います。

顔認証技術の精度は高く、誤照合の確率は1割にも満たないほど。近い将来、買い物や飲食も「顔パス」で行えるようになるかもしれません。

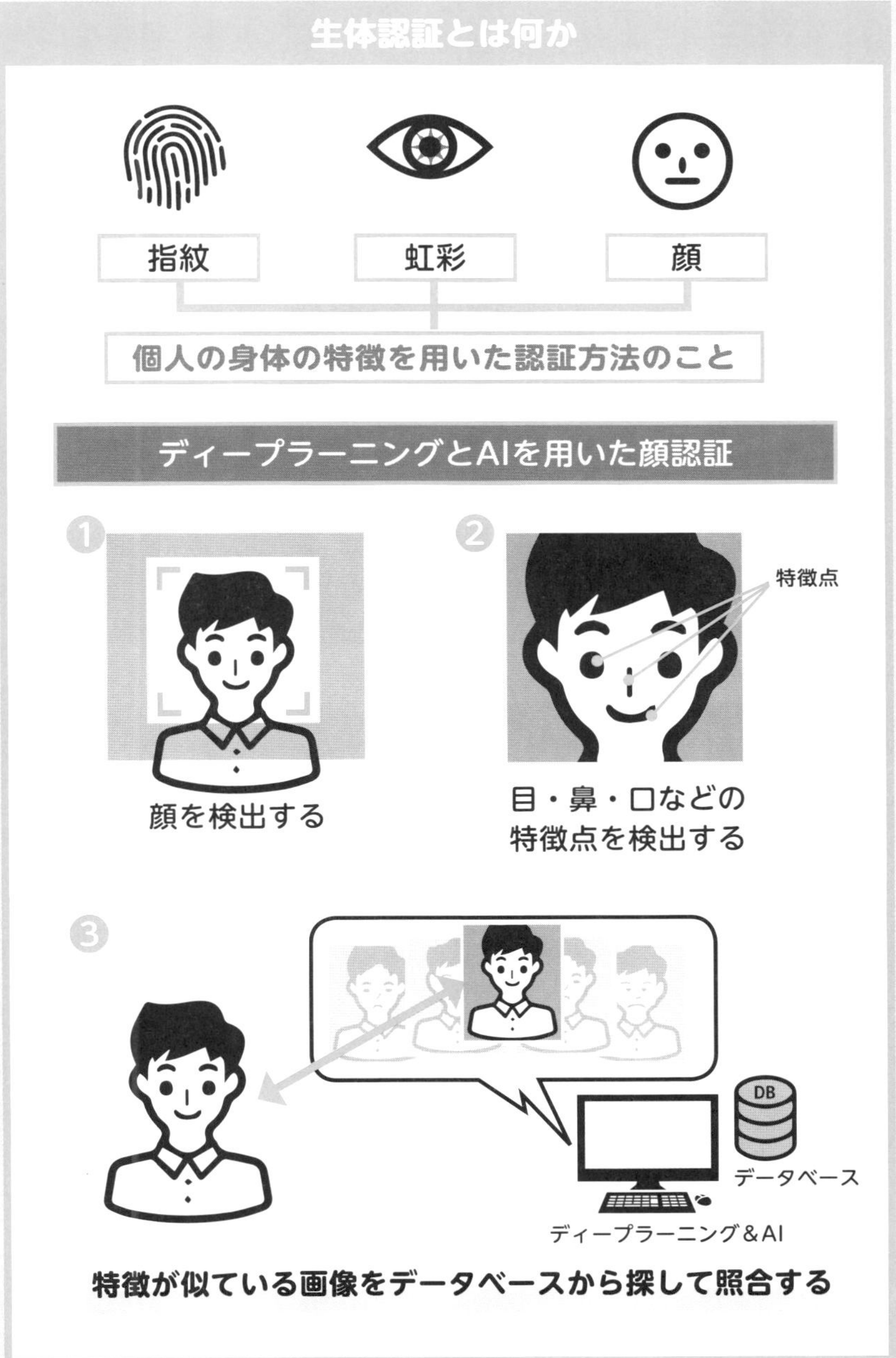
生体認証とは何か
指紋
虹彩
顔
個人の身体の特徴を用いた認証方法のこと
ディープラーニングとAIを用いた顔認証
1
顔を検出する
2
特徴点
目・鼻・口などの
特徴点を検出する
3
DB
データベース
ディープラーニング＆AI
特徴が似ている画像をデータベースから探して照合する

デビットカード&QRコードで現金が消える

主要銀行の基幹システムと直結する最新の決済システム

国内におけるキャッシュレス化の流れを加速させたのは、2001年に登場した**JRの非接触型ICカードシステム「Suica」**でした。2007年には、**首都圏・関東圏の私鉄やバスで使える「PASMO」、セブンイレブンが「nanaco」**を導入し、クレジットカードだけでなくカードに現金をチャージするプリペイド方式が浸透していきました。

さらにクレジットカードが必須となりますが、2010年**スマートフォンにも本格導入された「おサイフケータイ」**。タッチするだけで決済ができるIDやEdy、近年では**ApplePay**が広く知られています。これら技術の発展により、現金を持ち歩かなくても買い物ができるようになりました。

そして現在注目されている**決済方法が、「デビットカード」と「QRコード」**です。

デビットカードは、2018年に入り認知度が上がってきました。銀行のシステムと24時間365日つながっていて、決済すると自分の口座から引き落とされるしくみです。クレジットカードのように与信がないので、未成年でも所持できること、借金にならないことから注目されています。

もう1つは**QRコード**。国内では、1999年から携帯電話での使用が広まりましたが、「アリペイ」など中国ではインフラといえるほど発展しています。導入が加速する要因となったメリットはQRコードの読み込み端末を揃えるコストが、これまでのクレジットカード決済に比べ格段に安く、店舗導入のスピードが見込まれることです。国内でも「楽天ペイ」「LINE Pay」「d払い(ドコモ)」などが次々とサービスを開始しています。

デビットカードのしくみ

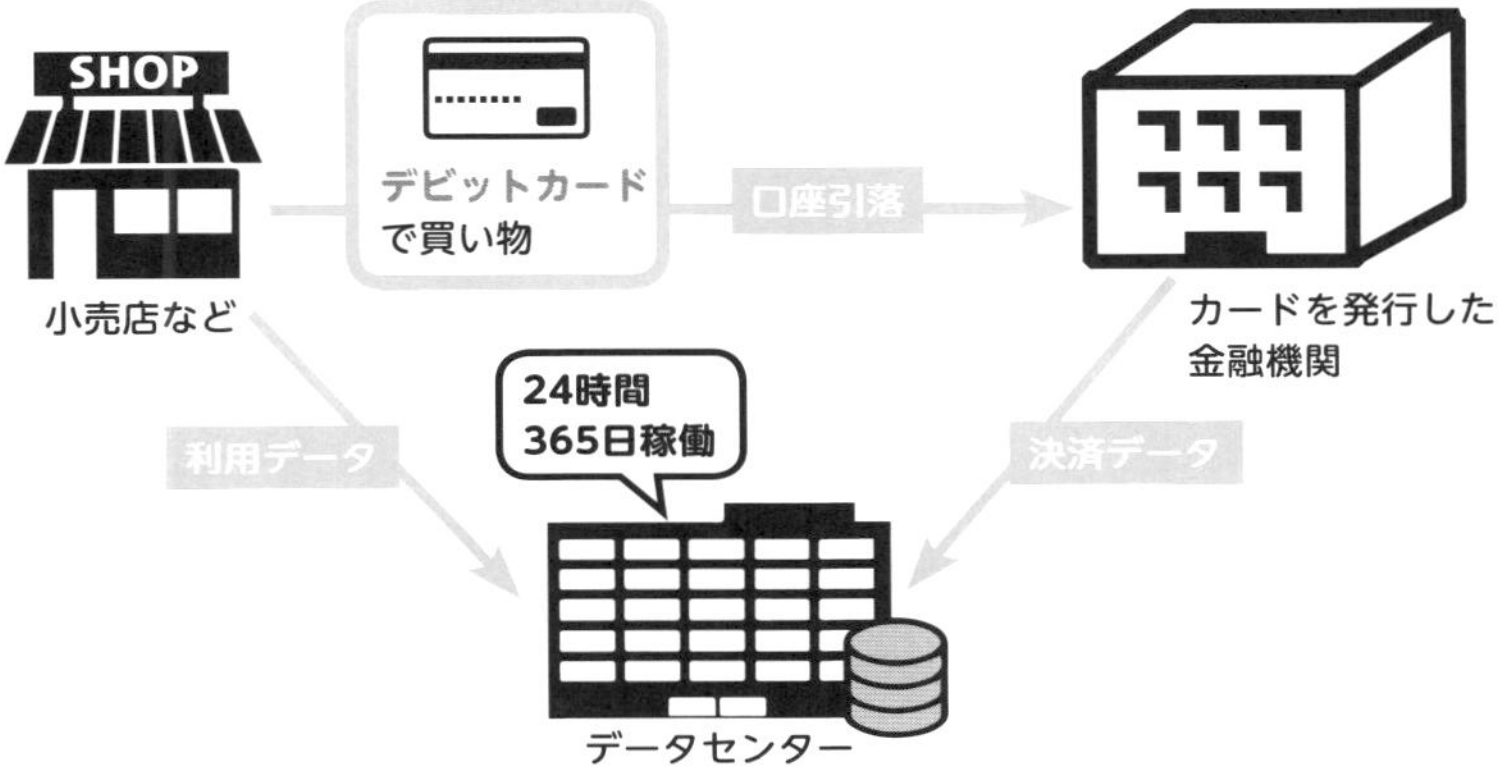

デビットカードのメリット

- 自分の口座から現金感覚で使える
- 自分の口座内から使うので借金にならない
- 与信がないので未成年でもつくれる

QRコード決済の方法

スマートフォンアプリで生成 or **スマートフォンで読み取る**

スマートフォンのアプリでQRコードを生成し、店舗備え付けの端末で読み取って決済

店舗レジに提示してある固定QRコードをスマートフォンで読み取って決済

QRコードのメリット

- 店舗などへの導入コストが少ない
- 大手が参入したので使用場所が増えた

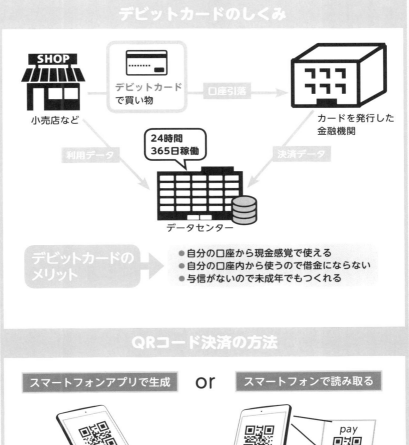

超高速計算が可能になる量子コンピューターの登場

次世代のコンピューターはもっと速くなる

私たちは、パソコンやスマートフォンはもちろんのこと、IoTなど以前にも増してインターネットに依存した生活を送るようになっています。そして私たちがインターネットを利用した痕跡《こんせき》はビッグデータとしてAIに解析されていくわけですが、データ量は爆発的に増大しています。

また、スーパーコンピューターでも計算が難しい天気予報や天文学などの事象があり、こうした問題の解決には現在のコンピューターを高速化するだけでは不十分といわれています。そこで注目を集めているのが、**量子力学の原理をベースにつくられた「量子コンピューター」**です。

従来のコンピューターは、情報を0と1の組み合わせで表現します。これを「**ビット**」といいます。ビットは0または1を入れるための箱のようなもので、1つのビットには0か1のどちらか一つの情報しか入れることができませんでした。しかし、**量子コンピューターは超伝導回路を使い、その回路を約マイナス273℃近くに冷やして動作させる**ことで、ビットに0と1を同時に表すことができます(重ね合わせ)。これを量子ビットといいます。

つまり、1つの量子ビットの中には2つ情報が入っていることになります。1量子ビットなら2つの情報、50量子ビットなら2の50乗の情報を一度に扱うことができます。従来のビットであれば、1ビットなら1つの情報、50ビットでは50の情報しか扱えませんでした。従って、量子コンピューターは従来のスーパーコンピューターで何年もかかる計算をすぐに終わらせることができるため、未知の難問が解ける可能性が高いと期待が寄せられています。

従来のコンピューターの問題点

爆発的に増える
ビッグデータ

天気予報

天文学

従来のスーパーコンピューターでも
処理が追いつかない

従来の技術の高速化だけでは不十分

量子コンピューターとは何か

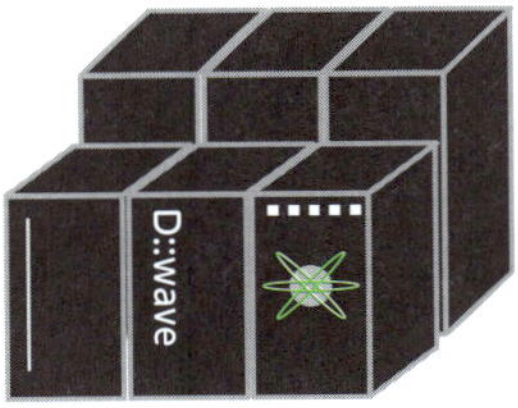

量子力学をベースに
つくられた
コンピューターのこと

従来のコンピューター「ビット」

1ビット ＝ 箱の中に0か1の
どちらかが入る

1ビット＝1つの情報
50ビット＝50の情報

量子コンピューター「量子ビット」

1量子ビット ＝ 1つの箱の中に
2つの情報が入る

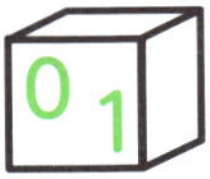

1量子ビット＝2つの情報
50量子ビット＝2^{50}［2の50乗］の情報

**量子コンピューターは従来のコンピューターよりも
一度にたくさんの情報を扱うことができる**

Column

AIが描いた絵が4800万円超で落札された!?

2018年10月25日アメリカ・ニューヨークで開催されていたオークションで史上初となる「AIが描いた絵が落札」というニュースが世間を騒がせました。AIが描いただけで話題になりますが、さらに落札価格が43万2500ドル(約4860万円)だったことで話題になりました。

AIが描いた肖像画作品「エドモンド・デ・ベラミー」は、輪郭がぼやけておりコンテンポラリーとも一線を画していました。

この絵画AIを制作したのは、フランスの「Obvious(オブビアス)」というグループ。過去の年代ごとの肖像画1万5000枚の肖像画イメージを2つのアルゴリズムで解析し、作品を仕上げたそうです。

AIに絵を描かせる試みは、さまざまな人や組織が取り組んできました。AIが創作した作品の著作権問題が取りざたされる中、オークションでの高額落札は、今後の動きにも影響してくるでしょう。

ただ、初の試みともの珍しさが手伝って高額になったとみられているので、今後模倣する人が出てきてもオークションとして成立しない可能性も十分あります。あくまでもAIの可能性について期待し、芸術が生活を豊かにしてくれる方向に進んでほしいものです。

第2章

ここまできた！ AIの進化と変わる生活

19～20世紀に起きたテクノロジー発展の歴史

電気の発明からパソコンが普及するまで

私たちの日常生活で欠かせないのが、生活や生命を維持するための「ライフライン」です。このライフラインには電気、ガス、水道、通信、輸送などがありますが、とりわけ19世紀後半に実用化されてから20世紀に急速に普及し、私たちの生活を一変させたのが「電気」です。電気は電灯、冷蔵庫、携帯電話など身の回りにあるものはもちろんのこと、ＡＩ（人工知能）、ＩｏＴ、ビッグデータといった先端技術にも必要不可欠となっています。

この**電気を活用して、通信（電話、無線）、メディア（ラジオ、テレビ）、電子計算機（コンピューター）などさまざまな技術が飛躍的に発展**していきました。これにより音声や情報を双方向でやりとりしたり、音声や映像を一斉に遠くへ届けたり、大量の情報を計算したりすることがより速く、簡単にできるようになったのです。

20世紀は「メディアの時代」と呼ばれ、前半にはラジオ、半ばからはテレビが大きな影響力を持ちました。さらにこの時期には、コンピューターや無線通信の発達も著しいものがあり、**真空管に代わる半導体技術、すなわちトランジスタ、ＩＣ（集積回路）、ＬＳＩ（大規模集積回路）、超ＬＳＩ、超々ＬＳＩ**といった形で小型化、軽量化、高性能化、長寿命化が急速に進んだことで情報処理速度、伝送速度、機器インフラの整備に役立ちました。

20世紀末になるとこうした技術をもとにつくられたパソコンをはじめ、インターネット、携帯電話なども普及の兆しを見せはじめ、メディアとコンピューターが融合した「情報科学の時代」が本格化するきっかけをつくることとなりました。

テクノロジーの歴史（19〜20世紀）

1820年	電流の磁気作用／エールステッド
1831年	電磁誘導の発見／ファラデー
1864年	電磁場の基礎方程式／マクスウェル
1876年	電話機／ベル
1897年	ブラウン管の発明／ブラウン、電子の発見／トムソン
1905年	特殊相対性理論／アインシュタイン
1906年	ラジオ（音声による無線電話）／フェッセンデン
1907年	ブラウン管式テレビ受像機／ロージング
1915年	一般相対性理論／アインシュタイン
1924年	ド・ブロイ波／ブロイ
1925年	機械式テレビ／ベアード
1937年	アタナソフ&ベリー・コンピューター／アタナソフ&ベリー
1941年	リレー式コンピューター／ツーゼ
1946年	ENIAC（真空管式電子計算機）／エッカート&モークリー
1947年	トランジスタ／ブラッテン、バーディーン、ショックレーら
1952年	IBM 701（プログラム内蔵式コンピューター）／IBM
1957年	リレー式計算機／カシオ
1968年	ハイパーテキスト／ダム&ネルソン
1969年	ARPANET（インターネットの起源）／ARPA
1983年	DynaTAC（携帯電話）／モトローラ
1993年	Mosaic（Webブラウザ）／アンドリーセンら
1995年	Windows 95／マイクロソフト
1999年	iモード／NTTドコモ

21世紀に起きたテクノロジー発展の歴史

インターネット普及からAI誕生まで

21世紀に入り、私たちの生活に大きな影響を与えているのがパソコン、携帯電話、インターネットです。いずれも20世紀末に低価格化が進み、21世紀初頭に爆発的に普及しました。

巨大で高額なコンピューターがパソコンとして低価格化・小型化、個人でも所有が可能となりました。携帯電話は電話に加え、現在主流のスマートフォンではアプリやカメラ、インターネットなども簡単に利用できます。**インターネットは世界規模で相互接続されたコンピューター・ネットワーク**で、ウェブサイトの閲覧、検索、電子メールをはじめ情報の発信も可能。パソコン、携帯電話、インターネットはそれぞれ密接に関連しているのが特徴といえます。

こうした恩恵を受けているのは、実は私たちだけではありません。その一つが、これから詳しく解説していく「AI」です。**AI研究はコンピューターが誕生して間もない1956年米国で、マッカーシー、シャノン、ロチェスター、ミンスキーの4人による通称ダートマス会議からはじまりました。**

コンピューターは情報を記号に置き換えて処理するため、人間の言葉や知識も記号化して蓄積し、プログラムを高度化していくことで人間と同じような知的なコンピューター、つまりAIが誕生すると彼らは予想しました。当時のコンピューターの計算処理能力は低かったものの、迷路の解き方や定理の証明など比較的簡単な問題に答えを出すといった知的活動が可能であることが実証され、当時の人々を驚かせました。こうした業績により**AIはブームとなり、1980〜90年代の第2次AIブームを経て、現在は第3次AIブームのただ中にいるのです。**

AIの誕生に関わった主な科学者たち

マービン・ミンスキー
(1927〜2016)

科学者、認知心理学者で、人間の思考をコンピューターでモデル化する研究を行った。ニューラルネットワーク研究やフレーム理論研究の第一人者として知られている。

ジョン・マッカーシー
(1927〜2011)

スタンフォード大学教授。AI研究の第一人者で、「人工知能の父」と呼ばれる。関数の組み合わせによって新しい関数を作る関数型言語「LISP」の開発者としても有名。

クロード・シャノン
(1916〜2001)

数学者で、0と1の組み合わせで情報送信が可能であることを数学的に証明した。彼の業績はコンピューターをはじめ、インターネットなどのデジタル通信技術の基盤となった。

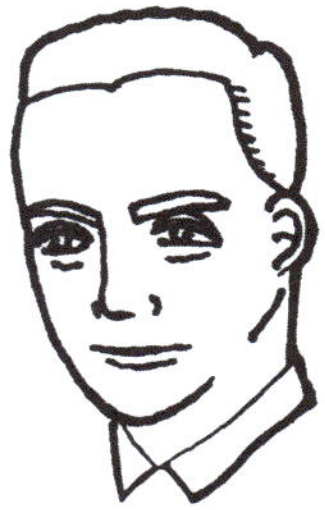

ナサニエル・ロチェスター
(1919〜2001)

IBMの科学技術者。汎用型コンピューターIBM701を設計し、コンピューター用のアセンブリ言語の開発も行っている。IBM700シリーズの主任技術者として活躍した。

ＡＩと呼ばれるための定義

人工知能と呼ばれるＡＩの正体は何か？

人間や動物など、**自然が産み出した知能を自然知能**といいますが、この自然知能をコンピューター上で実現させる情報処理メカニズムのことを**人工知能**といいます。**人工知能はArtificial Intelligenceの訳で、頭文字を取って「ＡＩ」と呼びます。**

ＡＩの黎《れい》明《めい》期《き》である１９５０年代末には、人間と同等の知能を持つコンピューターをつくることは容易と考えられていました。しかし、コンピューターと自然知能は構造や動作原理が大きく異なります。

例えば、**ＡＩは計算にあたり対象を厳密に定義（枠＝フレームで囲む）しなければなりません。**そのため、犬をコンピューターに認識させようとすると、犬とこの世界との関係のすべてを定義する必要があります。しかし、そんなことは不可能です。これを**フレーム問題**といい、ＡＩ発展の大きな壁となりました。

フレーム問題や周囲の期待に反して成果があまり伴わなかったことなどから、**ＡＩ研究は１９７０年代になると下火**になりました。しかし、米国で**ファイゲンバウム**らが奮闘し、コンピューターが得意な計算や推論を重ねて答えを導くエキスパートシステムを開発。コンピューターが専門家の能力を持つことができるとして、１９８０年代に入ると世界のさまざまな企業がこぞってこのシステムを採用するようになり、**第２のＡＩブームが起きました。**

しかし、**１９８０年代後半になると、エキスパートシステムの限界**が見えるようになりました。それは最初のブームと同じく、決められたルールの中でしか威力を発揮できなかったことがその理由でした。人の思考や行動は不確定要素が多いため、ルールを超えたものに対しては答えが出せないのです。

AI（人工知能）とは何か

AI ＝ Artificial Intelligence

人間の知能をコンピューター（機械）上で実現すること

フレーム問題とは何か

コンピューターに犬を認識させる

＝

犬と世界との関係をすべて定義する

計算に必要な定義の枠を超えてしまう

＝

フレーム問題

ゲームで人間に勝利したAI

世の中にどれほどの衝撃を与えたか

1990年代初頭になると、AI研究は再び冬の時代を迎えます。研究者の多くは**機械翻訳**や**音声認識**、**ロボット工学**といった専門分野の課題に専念するようになりますが、コンピューターの分野では大変革が起きていました。

それは処理能力の飛躍的な向上と小型化・低価格化によるパソコン、そして世界中のコンピューターを結びつけるインターネットの急速な普及です。こうした環境の変化に加え、**パールによる確率的アプローチにより、AIは新たなステージに立つ**ことになりました。

これは、**機械学習**（40ページ参照）のベースになっているもので、膨大な事例を計算し、グループ分けを確率的に繰り返すことで正解に最も近い結論を確率的に絞り込んでいく方法です。

その成果としてよく知られているのが、1997年に**IBMの人工知能ディープ・ブルー**がチェスの世界チャンピオンに勝利したことです。さらには、2016年になると**グーグル ディープマインドの囲碁AI アルファ碁（AlphaGo）**が韓国のトップ棋士に勝利しました。アルファ碁は**ディープラーニング**を取り入れることで、チェスよりも候補手が複雑な囲碁でも人間に勝利できることを証明したのです。

これは数あるAIの成果のひとつに過ぎませんが、複雑な思考が必要なゲームで「人間が機械に負けた」という事実が大々的に報道されたことで、人々に衝撃を与えたのです。

事項からは、AIの概念や、よく耳にする「機械学習」や「ディープラーニング」とは、どのようなものなのか、詳しく見ていきましょう。

1990年代からのAI研究

＋ 機械翻訳
音声認識
ロボット工学
など

＋ コンピューターの小型化・低価格化
↓
パソコン
インターネット

ジューディア・パール
(1936～)
アメリカの計算機科学者。AIに対する確率的アプローチや、確率を用いて因果関係を記述するベイジアンネットワークの研究に寄与した。

1997年
IBMのディープ・ブルー、ガルリ・カスパロフに勝利

IBMの
ディープ・ブルー

VS
チェス勝負！

チェスの世界チャンピオン
ガルリ・カスパロフ

2016年
Google DeepMindのAlphaGo、イ・セドルに勝利

Google DeepMindの
AlphaGo

VS
囲碁勝負！

韓国のトップ棋士
イ・セドル

AIには2種類の流れがある

どのようなアプローチでAIをつくったのか

AIはコンピューター上で人間の知能を実現させるわけですが、問題は「どのような方法で人間の知能にアプローチしていくのか」ということです。この方法には、主に2種類の流れがあります。

1つめは、**人間の知識や知能はプログラミング言語や数式などの記号で表現できると考える「記号主義」**です。人間が用意したマニュアル通りにAIが動作するもので、IBMのワトソンやグーグルの検索機能などがこれに該当します。例えばチェスをするAIであれば、チェスのルールの中で高い計算力を駆使して最終的に勝利を目指します。一定のルールを設定するだけなので簡単でつくりやすいため、AIの基礎技術となりました。例外にはうまく対応できませんが、ルールを増やす、ルール内の組み合わせを複雑にするといった形で着実に進化します。

2つめは、人間の脳の働きを再現しようという立場からアプローチする「**コネクショニズム**」です。**ニューラルネットワーク（42ページ参照）**を学ばせることからはじめるもので、AI自ら行動する、もしくは既に存在する統計データなどを用いて学習を積み重ね、徐々に賢くなっていきます。代表的なものに**アルファ碁**があります。数学の問題を解くよりは、絵を描くなど言葉では表現しにくいものに適しており、たくさんの問題と答えを与えることで、AI自らが答えを出せるようになるのです。

コネクショニズムは、改良によって乗り越えた壁とさらなる限界の発見によって見えた壁がともに高い特徴があります。なお、**AIは記号主義とコネクショニズムの両者に大きな成果が出たときに必ずブームになるという法則があります。**

記号主義とは何か

知能や知識はプログラミング言語や数式で表現できる

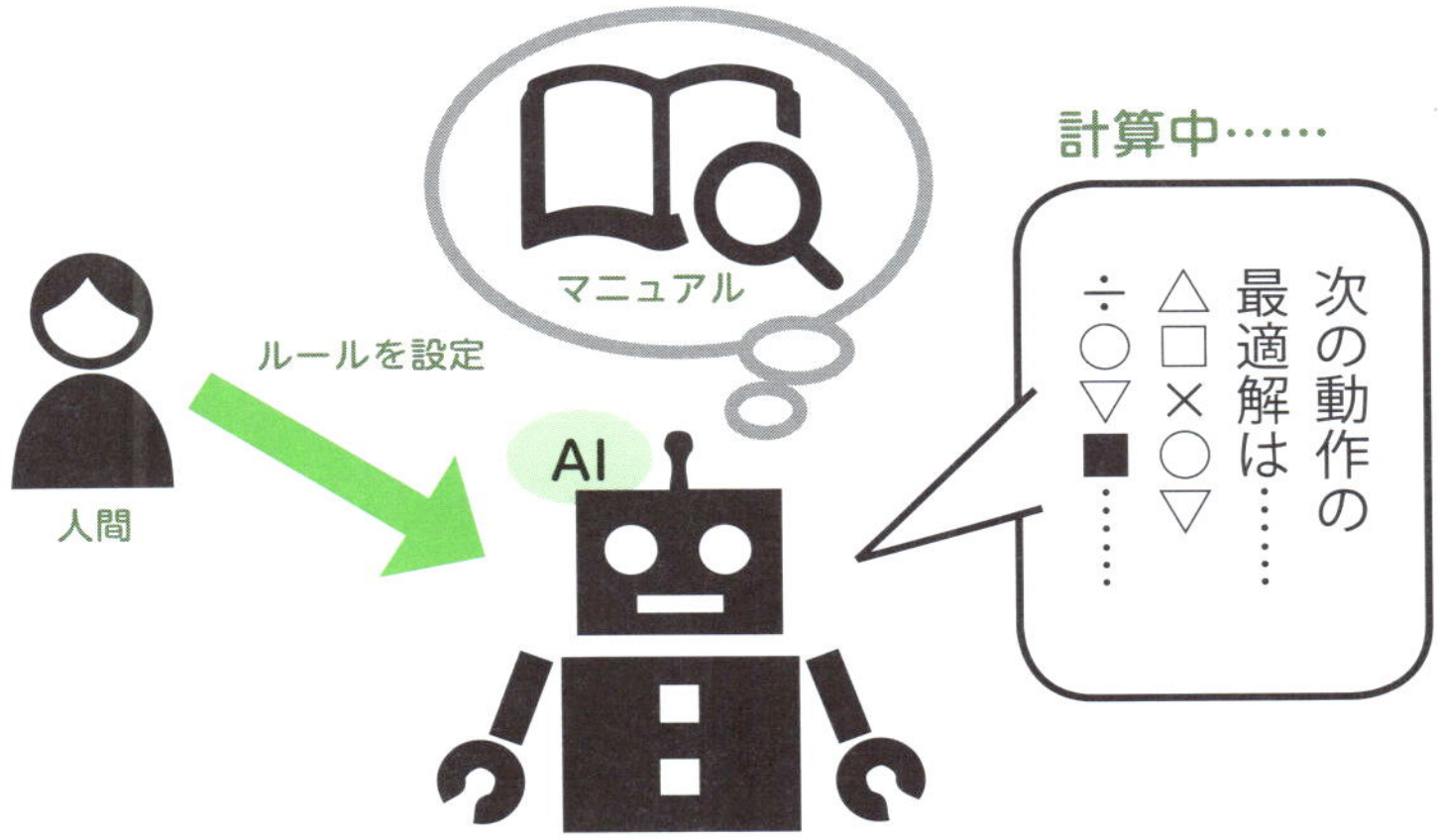

コネクショニズムとは何か

人間の脳の働きをそのままコンピューター上で再現する

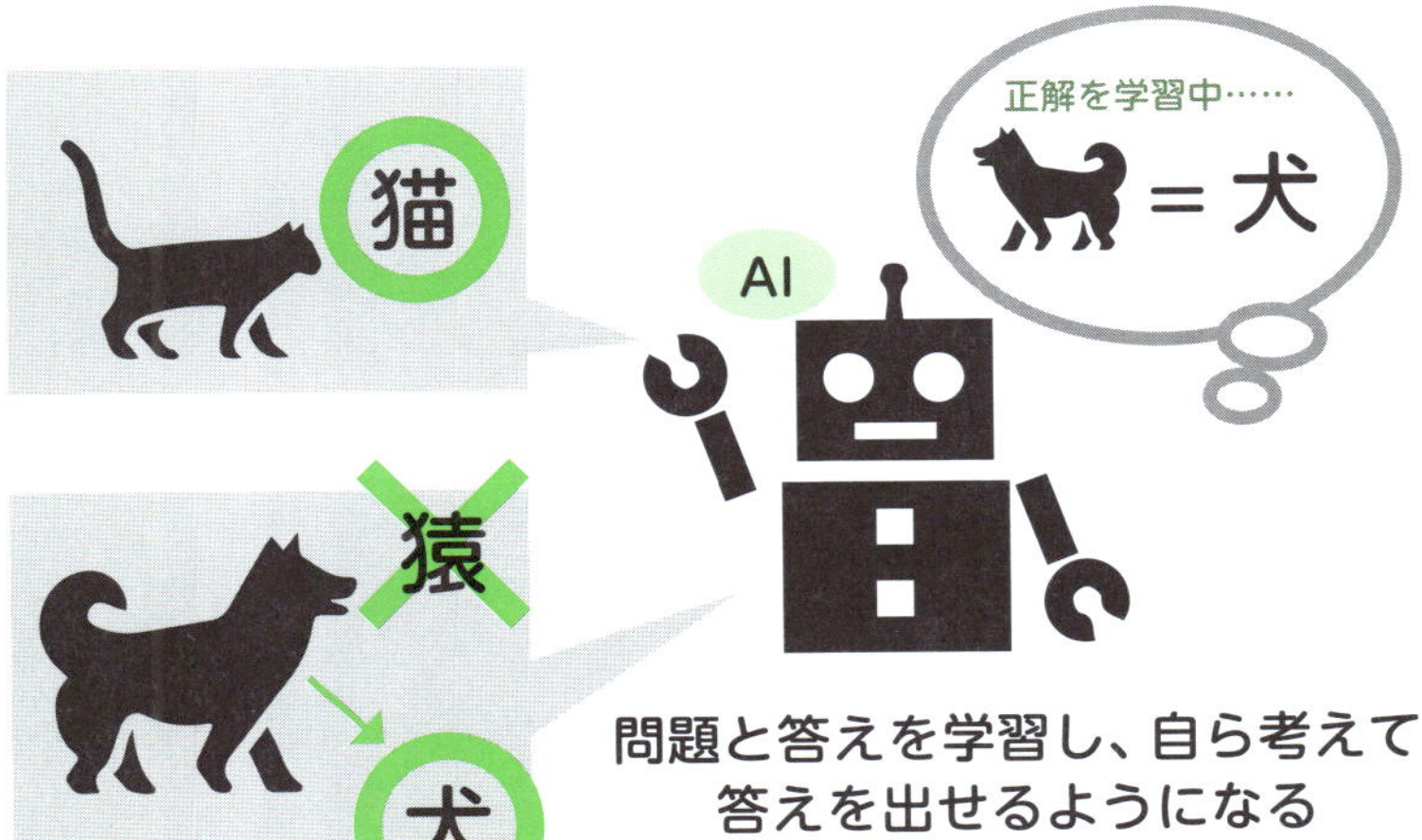

問題と答えを学習し、自ら考えて答えを出せるようになる

機械学習のしくみ

データの分類・分析を瞬時に処理する

AIを新たなステージに立たせた**機械学習**とは、一体どのようなものでしょうか。実はこの言葉には、2つの意味が込められています。

1つは「**機械自身が学習する**」ことです。人間が新しい言葉や技術を学習するように、機械も学習できるのです。もう1つは「**プログラムされた通りの動きをするだけではない**」ということです。機械に学習を通じて、プログラムされた以上のことができるようになっていきます。

ただし、AIが何もないところからまったく新しい知識を獲得していくことは、フレーム問題で触れた通り苦手としています。そのため、組み込んでおいた知識を蓄積・整理・最適化させていく方向で学習を行っていきます。

この機械学習には、「**教師あり学習**」と「**教師なし学習**」の2種類があります。教師あり学習は、**適切な例題と模範解答をセットにする方法**です。例えば、入口と出口がきちんとつながっている迷路を例題として与え、学習させます。最初はランダムに行動しますが、徐々に迷路を脱出するコツを覚えていき、学習していない迷路についてもある程度の速さで出口までたどり着けるようになります。

教師なし学習は、こうした**例題と模範解答がなくても学習していく方法**です。アルファ碁は教師ありとなしの2つのフェーズで学習を行いました。前者は**過去の棋譜から学ぶフェーズ**、後者は**自己対戦により学ぶフェーズ**です。基本的に、教師あり学習は大量のデータ（アルファ碁でいうところの過去の棋譜）、そして教師なし学習は適切な学習環境（自己対戦ができる環境）が必要となります。

機械学習とは何か

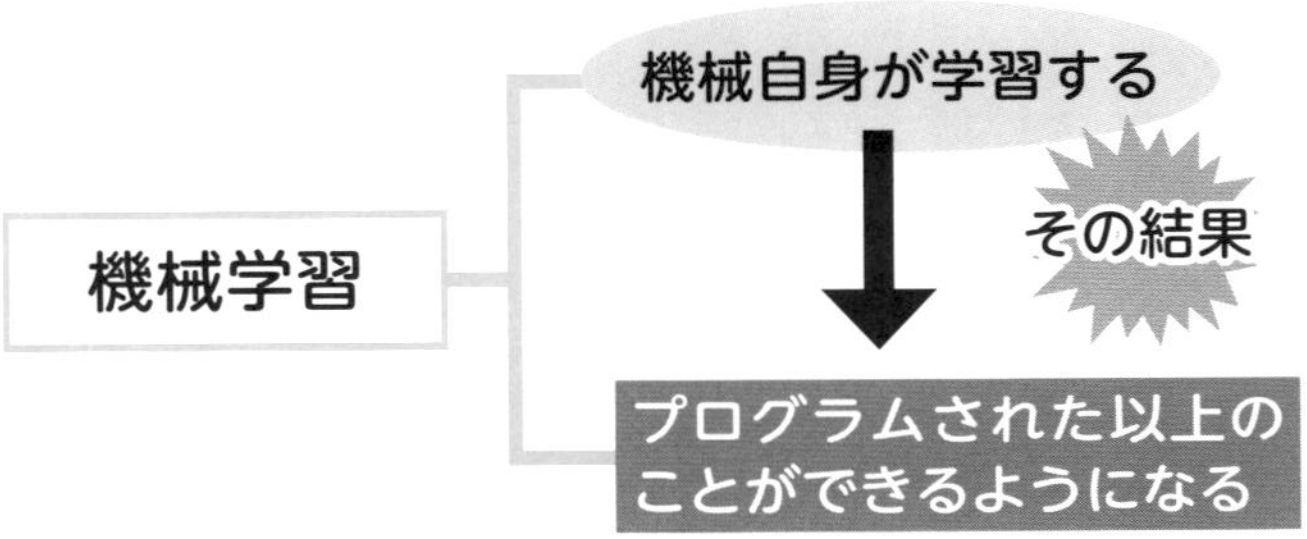
機械学習
機械自身が学習する
その結果
プログラムされた以上のことができるようになる

教師あり学習と教師なし学習

教師あり学習

Q.＿＿＿＿＿＿＿＿例題
A.＿＿＿＿＿＿＿＿模範解答

大量のデータを整理、
分析、最適化する

教師なし学習

例題、模範解答なし
適切な学習環境が必要

アルファ碁の場合

過去の棋譜

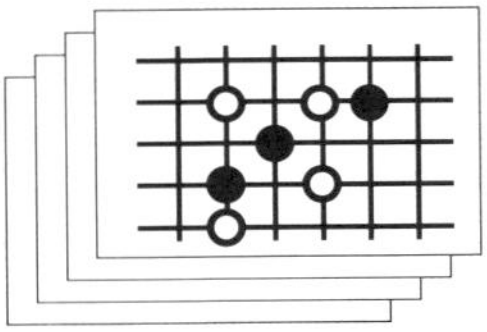

自己対戦できる環境

AlphaGo
VS
AlphaGo

ディープラーニングのしくみ

人間の思考回路を電子化・進化させたAI

機械学習と並んで人工知能のキーワードとなっている「**ディープラーニング（深層学習）**」とはどのようなものでしょうか。これは、**ニューラルネットワークの計算モデルをもとにした技術**のことです。

ニューラルネットワークとは、人間の脳の働きであるニューロンの構造と働きをモデルにつくられたAIです。脳内にあるニューロンは、ほかの**ニューロン（の先端部分であるシナプス）**から一定値以上の電気信号を受け取ると発火し、つながっている次のニューロンに電気信号を伝えます。次のニューロンも、受け取った電気信号が一定値以上だと発火し、さらに次のニューロンに電気信号を伝えます。

このように、ニューロンの発火した場合としなかった場合を数値に置き換えて、ニューラルネットワークをいくつもの層に重ねてつくられたのがディープラーニングです。

ディープラーニングにはいくつもの技術的な壁がありましたが、パソコンによってもたらされた膨大な情報と計算能力、そして新技術などによって、2012年の画像認識コンテストILSVRCで優勝、そして同年にグーグルのAIが猫の画像を猫として認識できるようになったことなどから、一躍注目を集めるようになりました。

このように、**ディープラーニングは特に画像や波形など、記号に置き換えられないデータから一定のパターンを認識することを得意**としています。また、現在では本格的に社会での実用化が進められていること、そして現在も完成されたわけではなくて技術も途上であることから、さらなる発展が期待できる分野といえるのです。

ニューロンからディープラーニングへ

ニューロン

脳内の神経細胞。連携して信号を伝えることができる

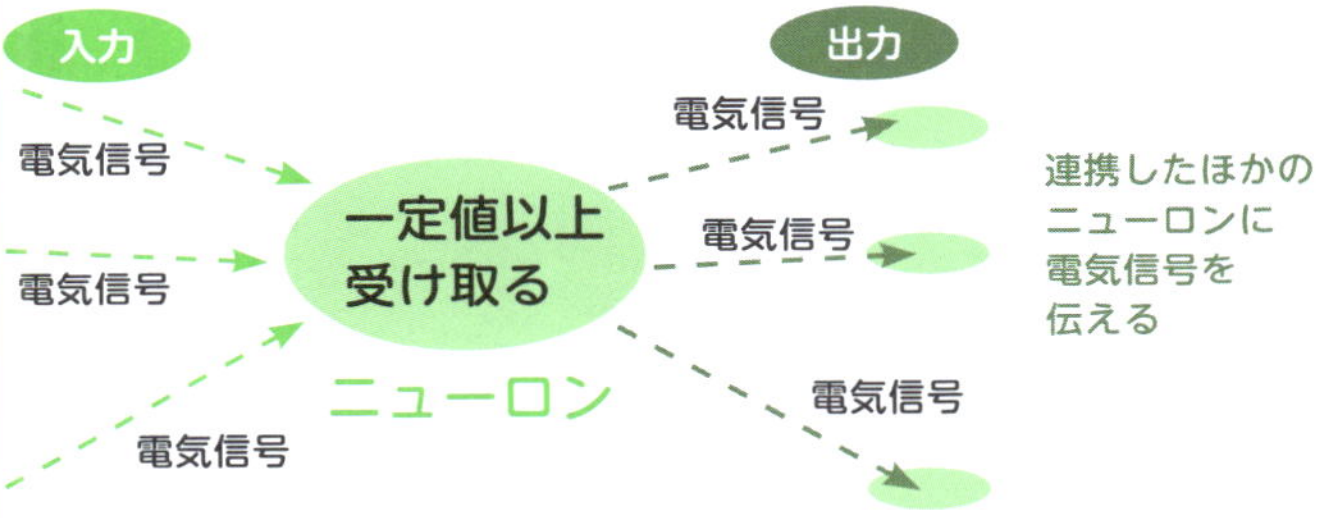

ニューラルネットワーク

ニューロンの構造と働きをもとにつくられたAIのこと

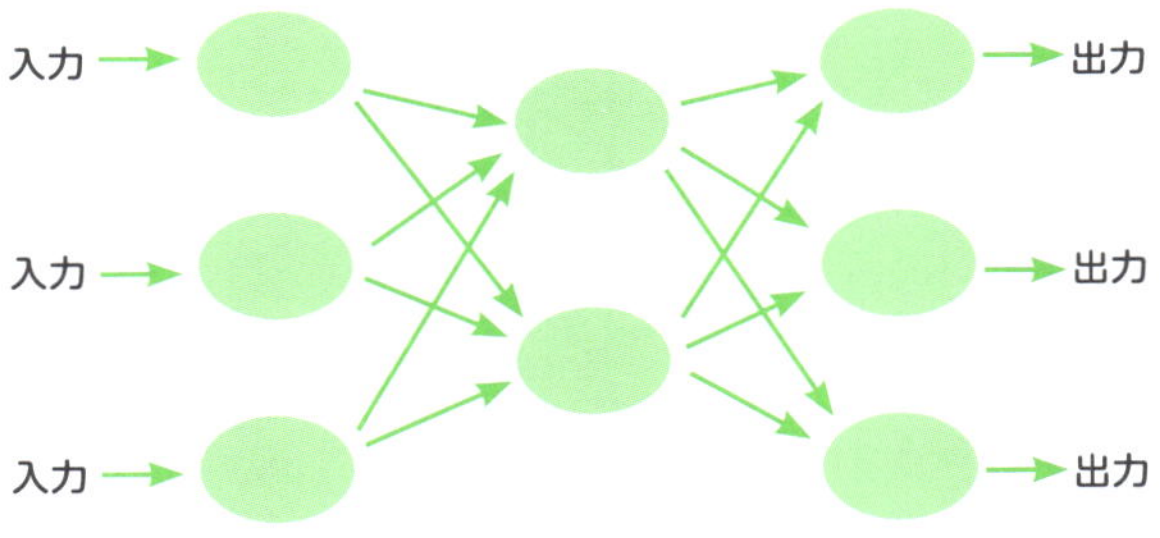

ディープラーニング

たくさんの層によってニューラルネットワークが構成されているAIのこと

高い精度で画像、音声データの分類や処理、計算などができるようになった

AIはどうやって言語を学んでいるのか

AIは人間の言葉を認識&理解している?

最近では、スマートフォンやスマートスピーカーに話しかけると、人工音声で答えてくれたり、電源のオンオフなどの動作をしてくれたりします。一見、何気ない受け答えに見えますが、ここには高度なAIの技術が用いられているのです。

人間とコミュニケーションできる**自動会話システム**の機械を開発することは、これまでは至難の業でした。なぜなら、そこでは①音声を認識して文字に変換する、②その文字の意味を理解する、③コンピューターが言語を使って受け答えをする、というプロセスが円滑に行われる必要があるからです。

発せられた言葉は**空気の振動として入力・数値化されて文字に変換**されますが、この段階ではまだ意味は扱いません。その後でAIが文字を理解するのですが、言葉には主語の省略、同音異義語の使用、現在居る場所や時間帯、性別、季節など前提の省略などがあります。

こうした「曖昧《あいまい》さ」に対しては、ディープラーニングの手法が大いに役立ちます。言語を理解する際には、言語とその使用例である書籍やインターネット上の文章群、学習に使用したデータベースなどと照合し、文字の意味を推論して相手の意図を理解し、受け答えをどのようにすれば良いかを考えます（ただしこうした知識を積まずに、その場の会話の流れに応じて返答するものもあります）。

昔は「人工無能」と呼ばれ、一定のルールに従った返答しかできなかったAIは、人間と対話ができるまでに成長しました。今後、さらなる技術の革新によって、さらに円滑なコミュニケーションができるようになるでしょう。

自動会話システムのしくみ

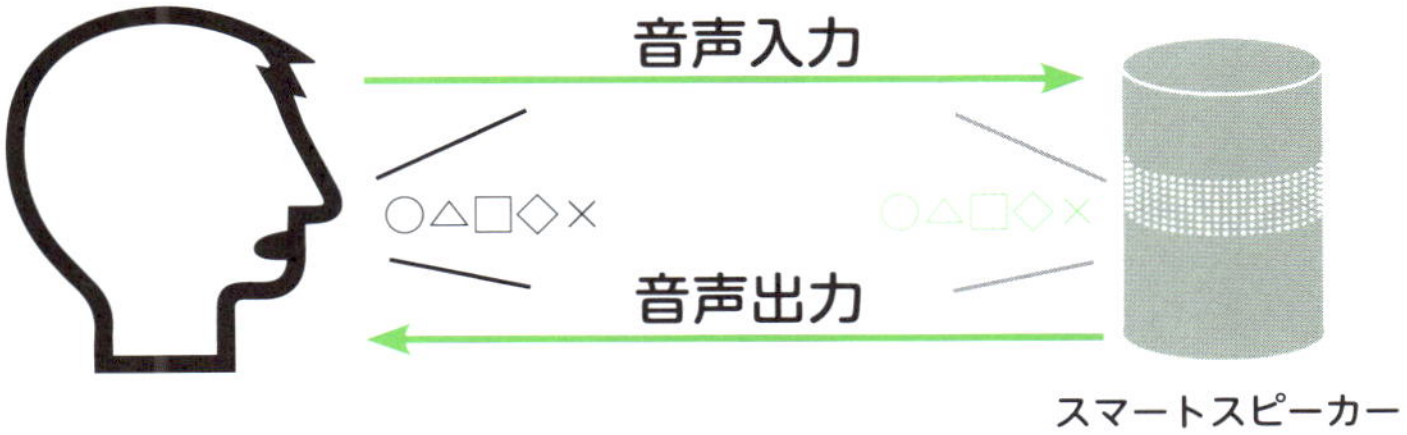
音声入力
○△□◇×
○△□◇×
音声出力
スマートスピーカー

①音声の入力・認識・文字変換	←	**音声・言語認識技術**
②文字の意味の理解	←	**ディープラーニング**
③言語（音声や文字）を用いた返答	←	

人工無能とは　不完全さが如実に表れた人工知能のこと

（例）RPGゲームに登場する村人

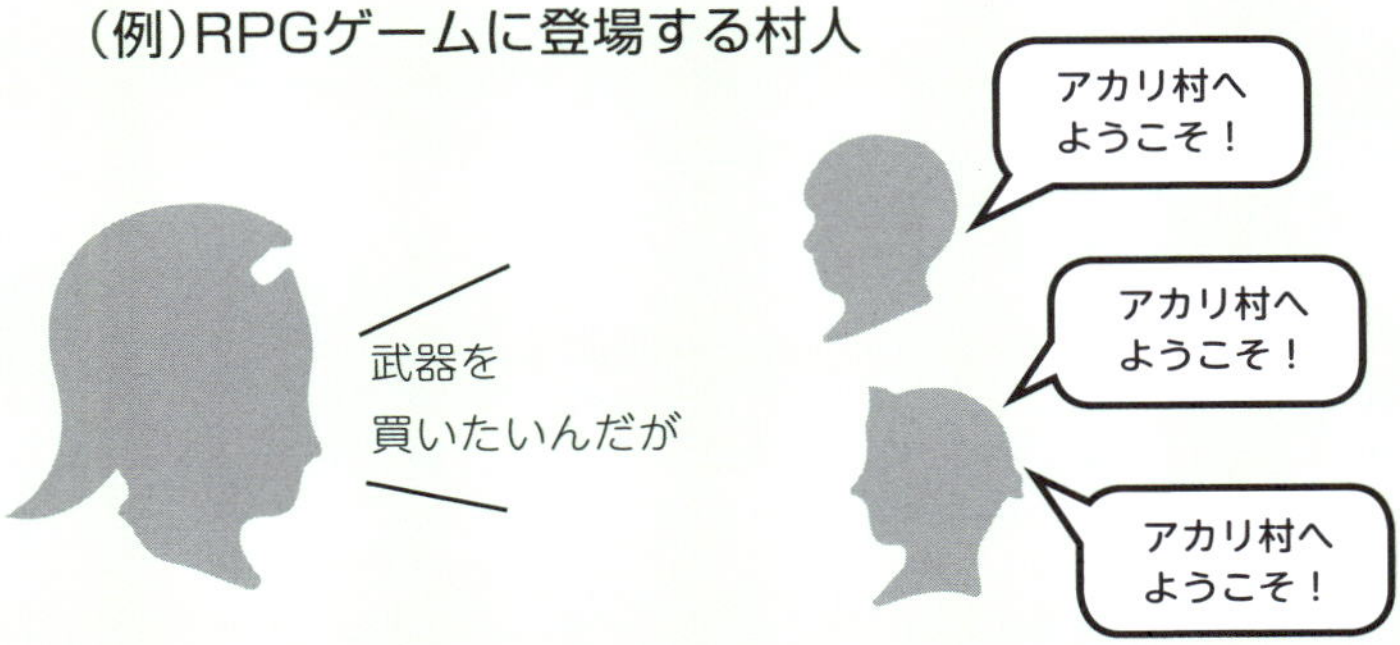
武器を
買いたいんだが
アカリ村へ
ようこそ！
アカリ村へ
ようこそ！
アカリ村へ
ようこそ！

何回話しかけても同じことしか言わない

ＡＩの活用が期待される分野

人工知能ができること・できないこと

近年の**ＡＩはディープラーニング、膨大なデータの処理能力、マシンコントロール技術、センサー技術などと組み合わせて運用**することで、さまざまな産業に応用できるようになっています。例えば、医療で患者の症状から病名を診断し、治療するには過去の膨大な症例や文献（ビッグデータ）の集積と照合に秀でているＡＩが役に立ちます。また、ＡＩを搭載した手術用ロボットも開発され、正確な手術もできるようになっています。

ＡＩの可能性は自動車の自動運転、天気予報や災害予測、同時通訳、利用者に合った商品を勧めるマーケティング、工場における生産管理、一定のルールに従って行われる事務職など多岐にわたります。ＡＩはデータを蓄積し、その中から法則や価値ある知見を発掘したり、自ら学習して精度を高めたりすることが得意なので、先に述べたような分野で活躍できる可能性があることになります。

では逆に、ＡＩにできないことは何であるかを考えてみましょう。それはデザインや音楽といったクリエイティブな仕事、ダンスなどの身体運動を伴うもの、絵画など美的感覚を伴うもの、カウンセリングやコーチングといった知的コミュニケーションを伴うもの、自分とは異なる他人とコラボレーションするものなどが挙げられます。これらに加えて、その都度自分で何が適切であるか判断し、行動しなくてはならない**「非定型」のものもＡＩは苦手としています**。ただ、苦手でもできないわけではありません。近い将来、ルーティンワークやビッグデータを活用する作業はＡＩに担当させ、人は付加価値の高い仕事へ移行するようになるでしょう。

AIが得意なこと

- ビッグデータの蓄積と活用
- ディープラーニングの活用
- 一定のルールに従った仕事

天気予報・災害予測　自動車の自動運転　病名の診断と治療　工場の生産管理　など

AIが苦手なこと

- クリエイティブな仕事
- 身体運動を伴うもの
- 美的感覚を伴うもの
- 知的コミュニケーション
- 他人とのコラボレーション
- 非定型の作業、仕事

音楽　絵画　カウンセリング　ダンス　など

苦手なジャンルだが、音楽や絵画を創るAIは開発が進んでいる

ＡＩは人間の仕事を代われるのか

ＡＩは人間の仕事を奪うのか？

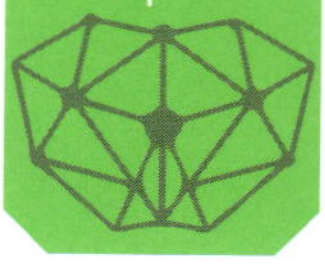

ＡＩを用いると、さまざまな仕事で自動化が進み、人間がいなくてもこなせるようになります。では、一体どのくらいの仕事がＡＩに置き換えられてしまうのでしょうか。

ＡＩによって、これから10～20年後には現在ある職業の半分近くが消滅する――そんな説を唱えているのは、オックスフォード大学の**マイケル・オズボーン准教授**です。２０１５年12月の野村総合研究所との共同研究では、**日本国内にある６０１の職業のうち、約49％がＡＩやロボット等により代替できる可能性が高いと推計**されました。

工場の生産ラインの一部には、すでにロボットが導入されており、将来的にロボットが高性能化していくことで無人化が進むことは予想しやすいと思います。こうした肉体労働では、土木、建設、農業、介護などの分野で置き換えが進むと考えられています。

事務職では公務員、医療事務、会計事務、人事・経理・総務など、技術職では医療技師、検査技師など。サービス業では受付、図書館の職員、コンビニのレジ係などといった分野、すなわち定型化され、目標が決められている仕事はＡＩで代替可能となるでしょう。日本はサービス業が多く、一部の居酒屋などでは店員ではなくタブレットで注文できるシステムを導入しており、その影響の兆しが少しずつ見えはじめています。

重要なのは、こうした変化はあらゆる産業で発生し、既存の産業界及びほかの産業界の構造に影響を及ぼすことで、産業の再編や変貌を促すだけでなく社会システムにも波及、最終的には私たち人間の意識をも変革する可能性を持っているということです。

AIに置き換えられる可能性が高い職業

事務員
タクシー運転手
電車運転士
倉庫作業員
警備員
工場労働者
スーパー、コンビニ店員
受付
宝くじ販売人

AIが変えること①医療現場(1)

個人データを解析してベスト医療を提供

「AIが特殊な白血病患者の命を救った」というニュースが驚きを持って迎えられたのは、2016年8月のことでした。**東京大学医科学研究所は、IBMのAIワトソンに2000万本以上の論文と、1500万件以上の薬剤関連の情報を学習させました**。そして、ある女性が極めて稀《まれ》な白血病を患っていることをわずか10分で見抜き、医師が治療薬を変更したことでこの女性患者は症状が改善、退院するまで回復したのです。

患者の症状から病名を判断し、適切な治療法の判断を下すには過去の症例、遺伝情報、医学論文といった膨大な医療情報を参考にしなければなりません。さらには、新しい情報や治療技術、新しい薬剤も日々追加されていきます。そのため、医師がすべての情報に目を通して対応することは、事実上不可能といっても過言ではありません。

実はこうした**ビッグデータの蓄積と解析は、AIが得意**とするところです。東京大学医科学研究所ではワトソンを用いて病気の発症に関わる遺伝子や治療薬の候補を患者の遺伝情報から示させる臨床研究を行っています。通常、人間だと二週間かかる分析を、ワトソンはわずか10分でこなせます。

ただし、**AIができるのはあくまでも治療薬の候補とその可能性を確率で示すこと**です。AIが提示したものに対して、どの治療薬を使い、どんな治療法を用いるかといった最終判断は、医師の手に委《ゆだ》ねられています。

このように、AIが多忙を極める医師を支えていくことで、より精密で迅速な診断が可能になることが期待されています。

AIと医療診断

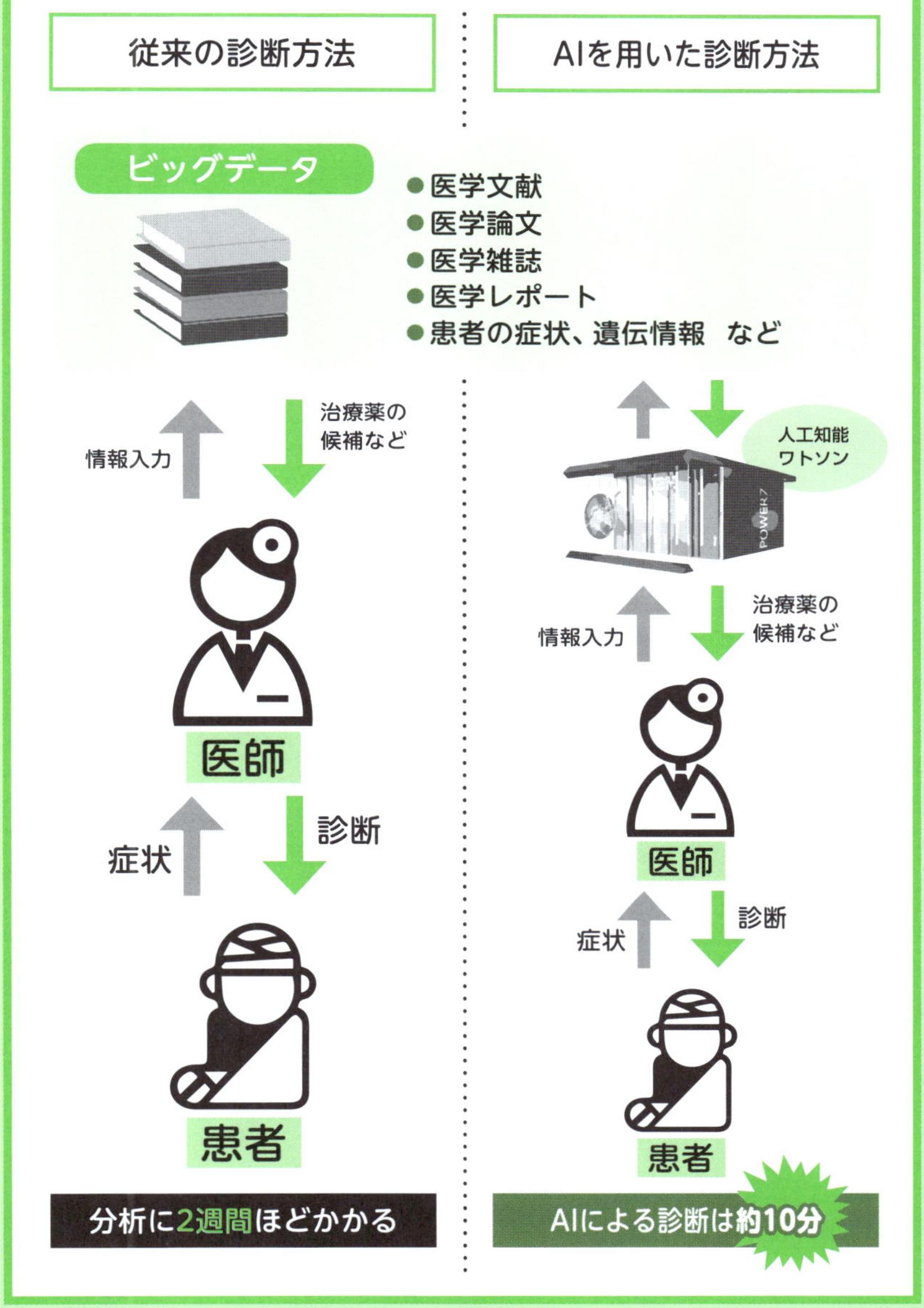
従来の診断方法
AIを用いた診断方法
ビッグデータ
●医学文献
●医学論文
●医学雑誌
●医学レポート
●患者の症状、遺伝情報　など
情報入力
治療薬の候補など
医師
症状
診断
患者
分析に2週間ほどかかる
人工知能ワトソン
POWER7
情報入力
治療薬の候補など
医師
症状
診断
患者
AIによる診断は約10分

ＡＩが変えること①医療現場(2)

医療行為と地域医療をサポートするＡＩ

現在、ＡＩは医療のさまざまな分野に応用されはじめています。病名の診断については先ほど述べましたが、さらに早期実用化が期待されているのが**遺伝情報を利用したゲノム医療**です。

これは、身体をつくる設計図ともいえるゲノム情報を調べ、がん遺伝子の検査結果をもとに患者のがん原因遺伝子を特定、患者の状態に応じた薬剤や治療方法を提供するというものです。

また、**ディープラーニングを応用した画像診断支援システム**を用いてＭＲＩ、Ｘ線、内視鏡などを使って撮影された医療画像を解析すれば、短時間で正確に病名候補を絞り込むことができます。このような手法は、大学病院から個人の開業医、大都市から地方をインターネットなどで結ぶ環境整備が急がれています。その結果、医師が不足しがちな遠隔地でも威力を発揮すると期待されています。

遠隔地での指導や在宅患者の見守りには、**身体に装着する情報機器であるウェアラブル端末とスマートフォンの連携**によって送信された血圧や脈拍などのデータをもとにＡＩが解析することで、頻繁に通院しなくても健康状態を医師が把握することができます。こうした遠隔指導は在宅介護にも応用可能で、介護における不安や疑問に対する情報や支援を受けることができます。このほか、介護施設ではＡＩを搭載したロボットが実現すると、移乗介助、移動支援、排泄支援、認知症の方の見守り、入浴支援など、介護者・介助者らの負担を減らすことができるでしょう。

ＡＩの導入により安心・安全な医療サービスが受けられるようになります。

病院、地域、個人をネットワークでつなぐ

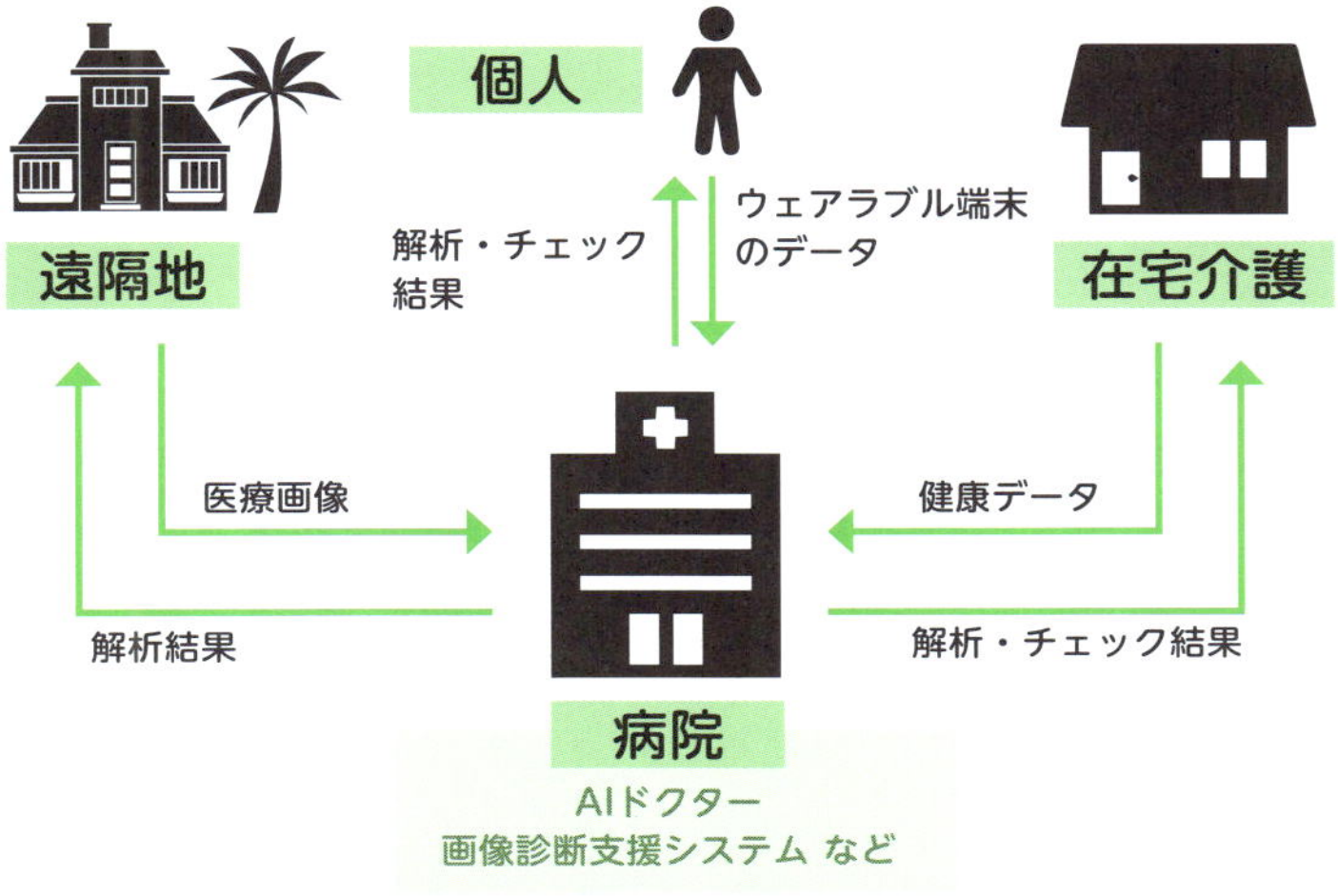

個人、地域などをネットワークでつなぐことで高度医療サービスが受けられる

介護分野への応用が期待される人工知能

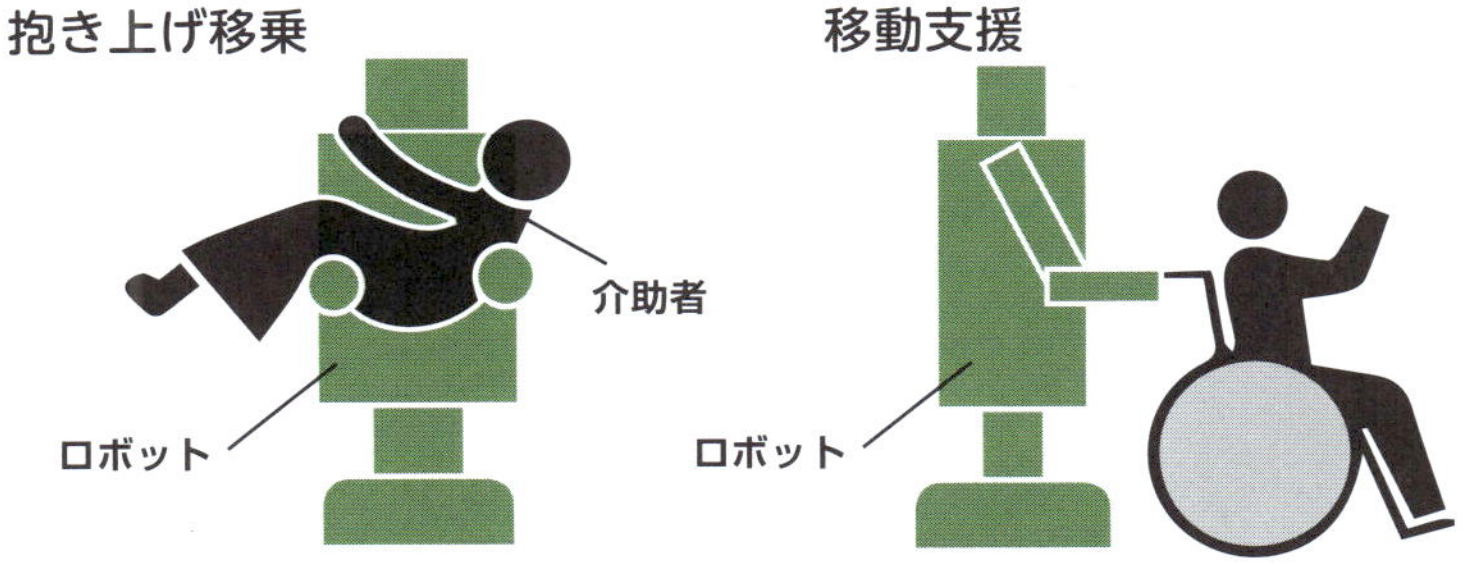

人工知能を搭載したロボットが介護・介助作業を担当 → **介護・介助者の負担が減る**

ＡＩが変えること②工場用ロボット

平面や立体加工、複雑な操作もこなす

　ＡＩが話題になるよりも随分前から、ものづくりの工場ではロボットが導入されてきました。ロボットアームが器用かつ迅速に部品を組み立てていく様子を、テレビなどで見たことがある人も多いと思います。近い将来、工場は無人となり、ロボットだけが作業をこなす日が来ると予想されています。

　工場では商品の大量生産をするため、ベルトコンベアに部品をのせ、流れ作業で何人もの労働者がそれぞれ穴開け、ねじ締め、接合など決められた単純作業をこなす形で合理化が図られていきました。

　１９６０年代になると米国で**産業用ロボット**が開発され、１９７０年代末には日本でも産業用ロボットが盛んにつくられるようになり、１９８０年代には不可欠な労働力として定着します。この産業用ロボットは多関節でＩＣチップを内蔵、決められた単純作業を正確にこなせるものでした。

　２０００年代には**プログラム可能な多機能ロボット**が登場しましたが、人間による補助作業が必要でした。現在では**ＡＩを搭載した産業用ロボットも登場**していて、物流センターで形が異なるさまざまな商品を正確にピッキングできるものもあります。このロボットには３Ｄカメラ、コントローラー、アーム、３Ｄビジョンなどが搭載されており、人間が作業を教えなくても自ら学習し、数週間ほどで作業ができるようになるスグレものです。

　ビッグデータから顧客のニーズに合った製品を設計、開発し、加工から組み立て、調整、出荷、生産調整まですべてロボットで実現できるようになると、作業効率と生産コストはこれまでよりも一段と最適化されていくに違いありません。

人工知能の導入で工場が無人に

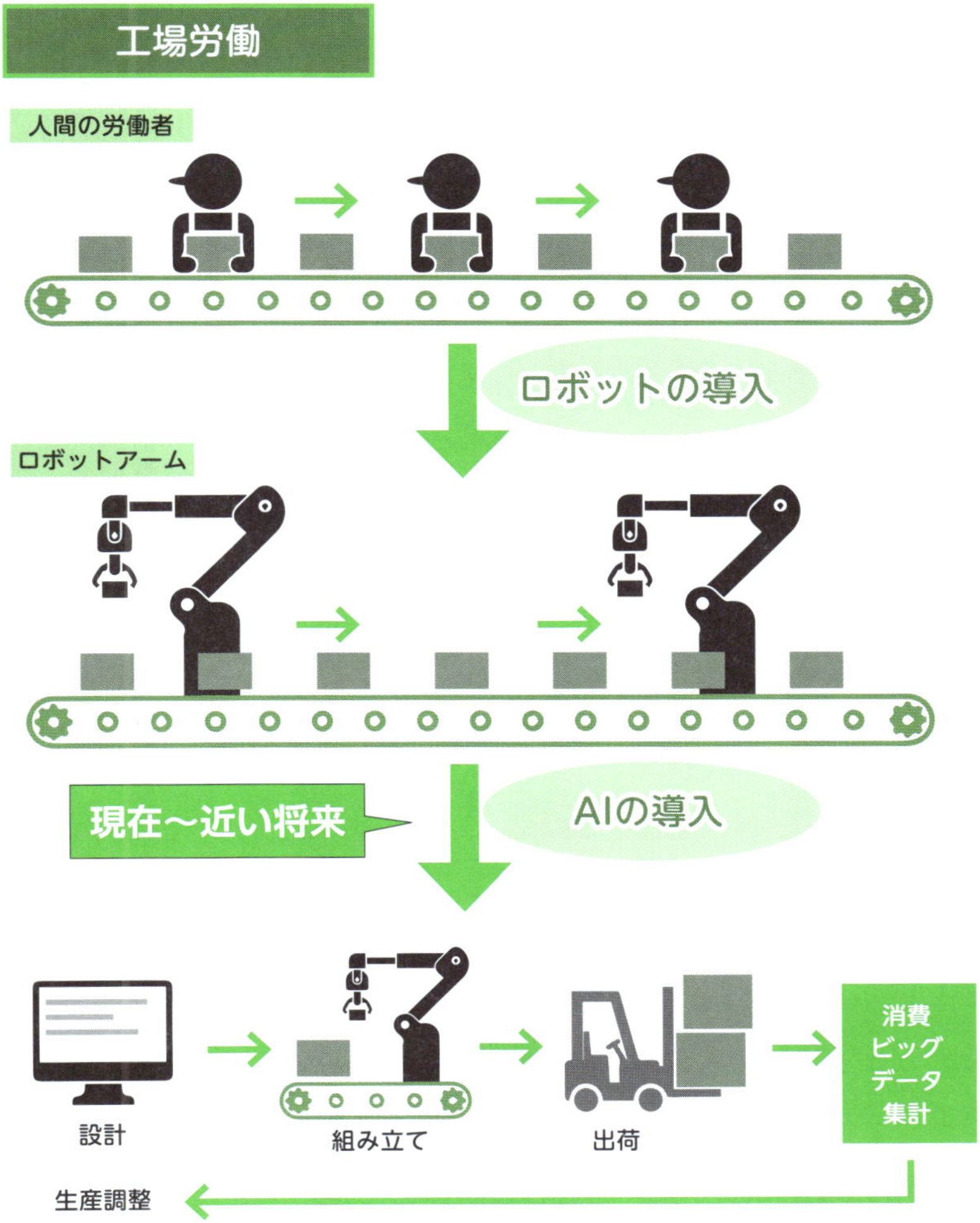

**AIの導入によって、設計から出荷まで
すべて無人で行えるようになる**

AIが変えること③土木・建築現場

危険な場所や見えない場所にも楽々到達

これまで、多くの作業が人力かつ力仕事だったのが、土木・建築現場でした。近年では人手不足な上、長年の景気低迷によるコスト削減圧力、複雑な施工工程の効率化、下請け企業との連携など問題が山積しており、中でも人手不足は深刻な問題でした。そこで、無人機やAIの助けを借りて問題を一気に解消する動きが活発化しています。

建物を建てる前には測量を行いますが、これまでは専門家が測量技術を用いて地上または航空機で測量を実施してきました。しかしドローンで空から地面の様子を撮影すると、3Dデータへの変換が容易な上、測量時間と費用も安くなります。また、複雑な地形や崖のある危険な場所などでも測量が可能です。

そして、ダンプトラックやブルドーザーなどの重機も自動制御または半自動制御が可能となっています。そこには**AIによる自動運転、GPSやスキャナーなどによる自車位置測定と周辺環境の把握技術が組み合わされています。**

このほか、資材の搬送、溶接、工事といった現場作業用のロボットも、実証実験の結果、予想以上の成果が得られています。清水建設は**レーザーセンサー**で空間を認識し、**障害物を避けつつ資材を無人で運ぶことができる資材搬送用ロボット、鉄骨溶接ロボット、床材の施工や天井ボード貼りができる多能工ロボット**などを開発しており、これらを導入することで7割近くの作業員が削減できるとしています。

こうした土木・建築現場で大いに威力を発揮しているのが、ベテラン作業員のテクニックを学習したAI。将来的に人間の作業は、セッティングと運行管理が中心になっていくことでしょう。

無人ダンプトラックのしくみ

コマツによる無人ダンプトラック運行システム

チリやオーストラリアの大規模鉱山で稼働している

自動搬送・多能工ロボットのしくみ

清水建設によるRobo-CarrierとRobo-Buddy

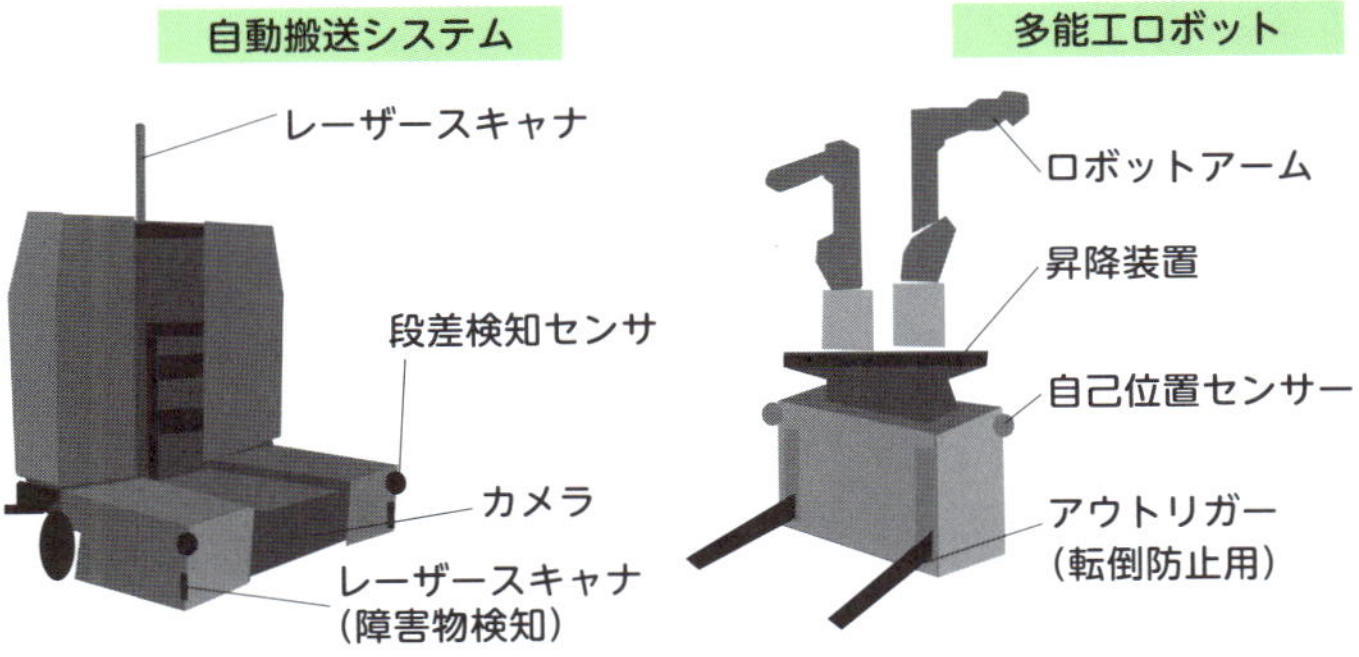

自律型ロボットが連携して作業を行う

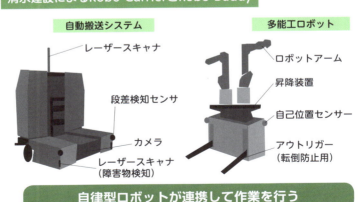

AIが変えること④サービス業

すべてAIが対応する無人店舗もすぐそこ

サービス業は就業者のシェアが約7割と、日本でも重要な産業の一つとなっています。私たちは日々、コンビニ、飲食店、小売店、宿泊といったさまざまな接客サービスの恩恵にあずかっています。これまでは自動化や無人化は難しいと考えられてきましたが、労働生産性が低く長時間労働になりがちで敬遠され、慢性的な人手不足に陥っていることから、ロボットやAIを導入して効率化を図る試みがはじまっています。

一部の居酒屋では**タッチパネルによる注文や会計**ができるようになっています。小売店では**商品のICタグをレジに読み込ませて購入者が精算する「セルフレジ」の導入**も進んでいます。

一部のファミリーレストランでは、工場で加工された食品を店で温めたり盛り付けたりして提供しているところも。また、接客方法などもルーティン化しているので、近いうちにほとんどの店員がロボットに置き換わる可能性も十分考えられます。

例えば、飲食店の入口には音声で応答可能な受付ロボットがいて、席まで案内してくれます。注文はテーブルにあるタッチパネルで行い、厨房では工場で加工された食品を簡単な作業で盛り付けし、配膳ロボットが席まで運んでくれます。食事が終わったら、セルフレジで会計を済ませます。食後のお皿などは配膳ロボットが回収し、自動食器洗い機に入れれば一連の流れは完了です。店の掃除も、掃除ロボットが自動で行ってくれます。

こうしたことが**実現可能と考えられるのは、AIや画像解析システム、ディープラーニングといった技術が至るところで用いられている**からです。

サービス業で進む無人化

一部無人化されているもの

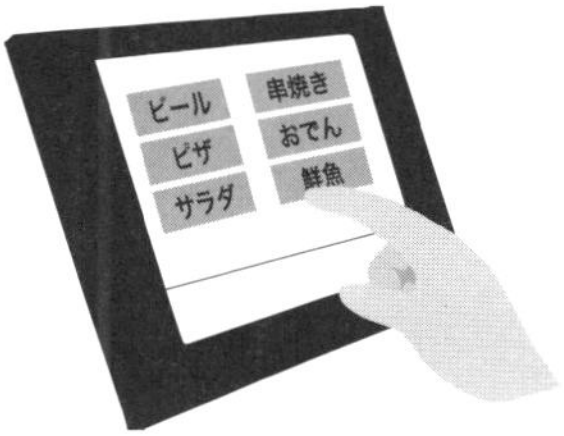

タッチパネルで注文

購入者が行うセルフレジ

**将来的にはAI搭載ロボットなどが
サービス業の担い手となる**

ファミリーレストランが無人化された場合

受付・案内ロボット

調理ロボット

配膳・片付けロボット

近い将来、受付から調整・配膳・片付けまでロボットが担当できるようになる

ＡＩが変えること⑤Ｗｅｂサービス(1)

翻訳や音読してくれるＡＩ

ＡＩが実装されたサービスのうち、身近なものはＷｅｂサービスといえるでしょう。ブラウザなどでインターネットに接続し、情報を入力したり、画像をアップロードしたりすると、答えや変換された画像などが得られるというものです。

文字の入力なら、オンライン翻訳サービスがあります。グーグルは翻訳サービスに**ニューラル機械翻訳**を導入し、翻訳精度が飛躍的に向上しました。

画像であればマイクロソフトが開発した、スマートフォンの撮影画像から被写体が何であるか、そしてカメラを向けると被写体に書かれた文字を音読するアプリ **シーイングＡＩ**(Seeing AI)や、早稲田大学が開発した、モノクロ写真に自動で色をつける「Automatic Image Colorization」などがあります。

こうしたサービスに欠かせないのが、ディープラーニングです。

グーグル翻訳では、アイデア→システムに反映して学習トレーニング→テストを1サイクルとして、数十回、場合によっては数百回繰り返すこともあります。英語からフランス語に翻訳するモデルでは、トレーニングに約1万5000時間の時間をかけています。

シーイングＡＩは、視覚に障害がある人に**ＡＩの画像認識能力を用いて見る力を提供するアプリ**で、基本機能を「コグニティブサービス」という名称で提供しており、アプリ開発者が自由に使って組み込めます。将来的には、眼鏡型デバイスに搭載され、目の不自由な方だけでなく、観光用やビジネス(眼前の人が誰で、どこで会ったかを表示)などへの応用が期待されています。

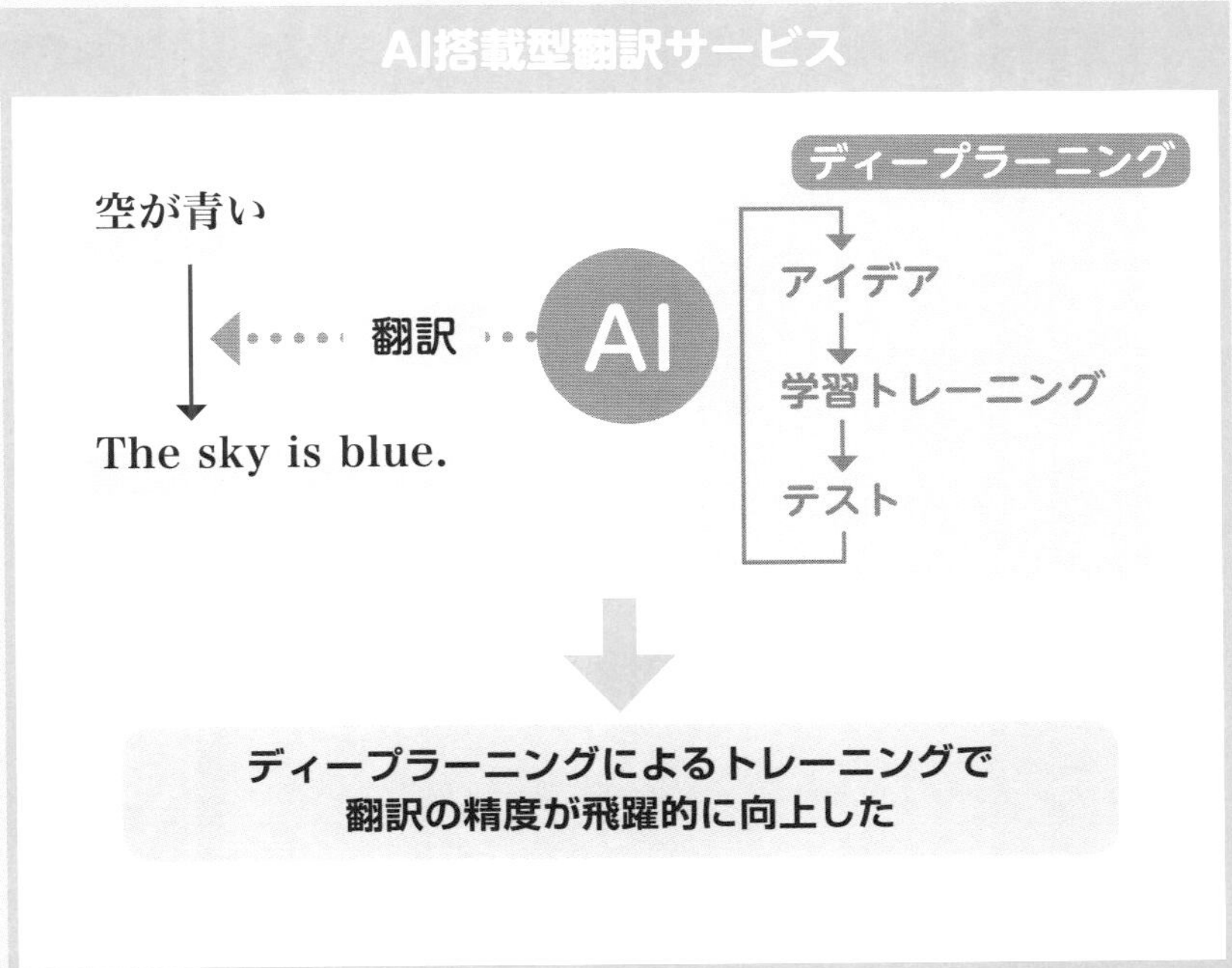
AI搭載型翻訳サービス
ディープラーニング
空が青い
翻訳
AI
アイデア
学習トレーニング
テスト
The sky is blue.
ディープラーニングによるトレーニングで
翻訳の精度が飛躍的に向上した

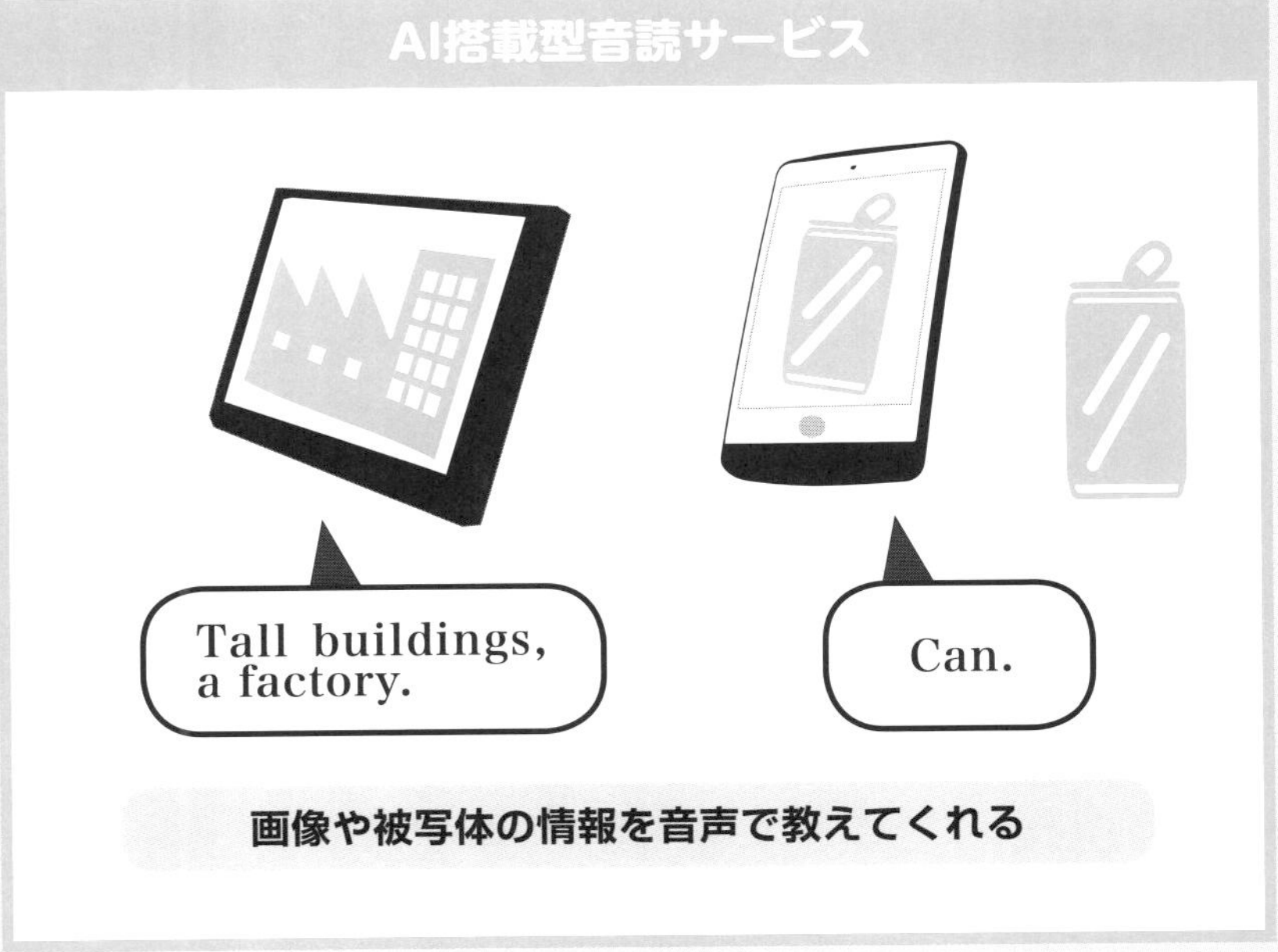
AI搭載型音読サービス
Tall buildings,
a factory.
Can.
画像や被写体の情報を音声で教えてくれる

AIが変えること⑤Webサービス(2)

音声認識力や会話力が飛躍的に向上したAI

AIは、音声認識力や会話力も飛躍的に向上しています。身近なところでは、アップル アイフォン(iPhone)のシリ(Siri)、グーグル アンドロイド(Android)のグーグルアシスタント、アマゾンのアレクサ(Alexa)といった**音声で応答するAIアシスタント**があります。近年ではスマートフォンだけでなく、タブレットPC、スマートスピーカー、ウェアラブルデバイス、スマートロボットなどにも搭載されています。

グーグルは2018年5月に米国で、こうした技術をもう一歩推し進めた「**グーグル・デュプレックス(Google Duplex)**」を発表しました。これは、ユーザーの代わりにAIが電話をかけてホテルやレストラン、ヘアサロンなどの予約を取ることができるサービスです。

聴覚に障がいがある人や、吃音《きつおん》症などで円滑に話せない人にとってはもちろんのこと、応答待ちやかけ直しが不要、受付時間外に指示しておいても後できちんと電話してくれる、旅行先で言葉がわからない状況でも予約が可能といったメリットを享受できます。デュプレックスの発表時には、合成音声とは思えない自然な会話で話題となりました。

ほかにも、サービスセンターやコールセンターのオペレーターもAIに置き換わる可能性があります。現在、センターに電話をかけると、あらかじめ会話を録音するという音声が流れることが多くなりました。このような膨大な会話記録を学習させることで人間との電話対応も可能となります。私たちがAIの合成音声と気づかずに、電話やネット上で会話していた、という日がもうそこまで来ているのです。

身近になったAIアシスタント

amazon

アップル（iPhone）
Siri（シリ）

グーグル（Android）
グーグルアシスタント

アマゾン
Alexa（アレクサ）

**生活に密着した機器に搭載され、
日常的に使われるようになった**

AIとの対話が当たり前の時代に

サービスセンター／コールセンターのオペレーター

もしもし
商品について…
なんでもおこたえします
オペレーター

AIとの日常会話が円滑にできるようになる

AIが変えること⑥金融業(1)

AI同士が戦う証券市場

AIの導入が一層加速しているのが、金融業です。証券市場は1970年代半ばから売買取引のコンピューター化が進み、1999年には株券売買立会場は閉場、売買注文をつなぐ「場立ち」と呼ばれる人々は不要となりました。

そして現在、機関投資家の売買を人工知能に任せている証券会社もあります。例えば、野村證券はAIによる「**AI株価予測システム**」を導入し、銘柄ごとに5分後の株価の予測を出しています。

このシステムでは、教師データとして東証500銘柄の過去1年の株価の動きと売買取引の数を、1000分の1秒単位の変化で学習させています。これにより、膨大なデータから法則性を見つけ出し、現在から5分後の株価を予測させ、利ざやを狙うというものです。売買も人工知能が担当し、人が瞬《まばた》きをしている間に1000回近くの速さで取引を行うことができます。トレーダーは、AIが行う取引をじっと見つめているだけ。現在では他社も同様のシステムを導入しており、AI同士による戦いの様相を呈していています。そのため、どれだけ優秀なAIプログラムを導入できるかが、収益のカギを握っているといわれています。

このように、**金融サービス(Finance)とAIや情報通信技術(ICT)などの技術(Technology)が融合した新しい動きを「フィンテック(FinTech)」**といいます。SMBC日興証券は30分後の株価予測情報を提供したり、AIが個人投資家による売買の特徴などを分析し、売買のアドバイスをしたりするサービスを行うなど、証券市場全体がフィンテックにより活性化しています。

株価の予測と取引を行う人工知能

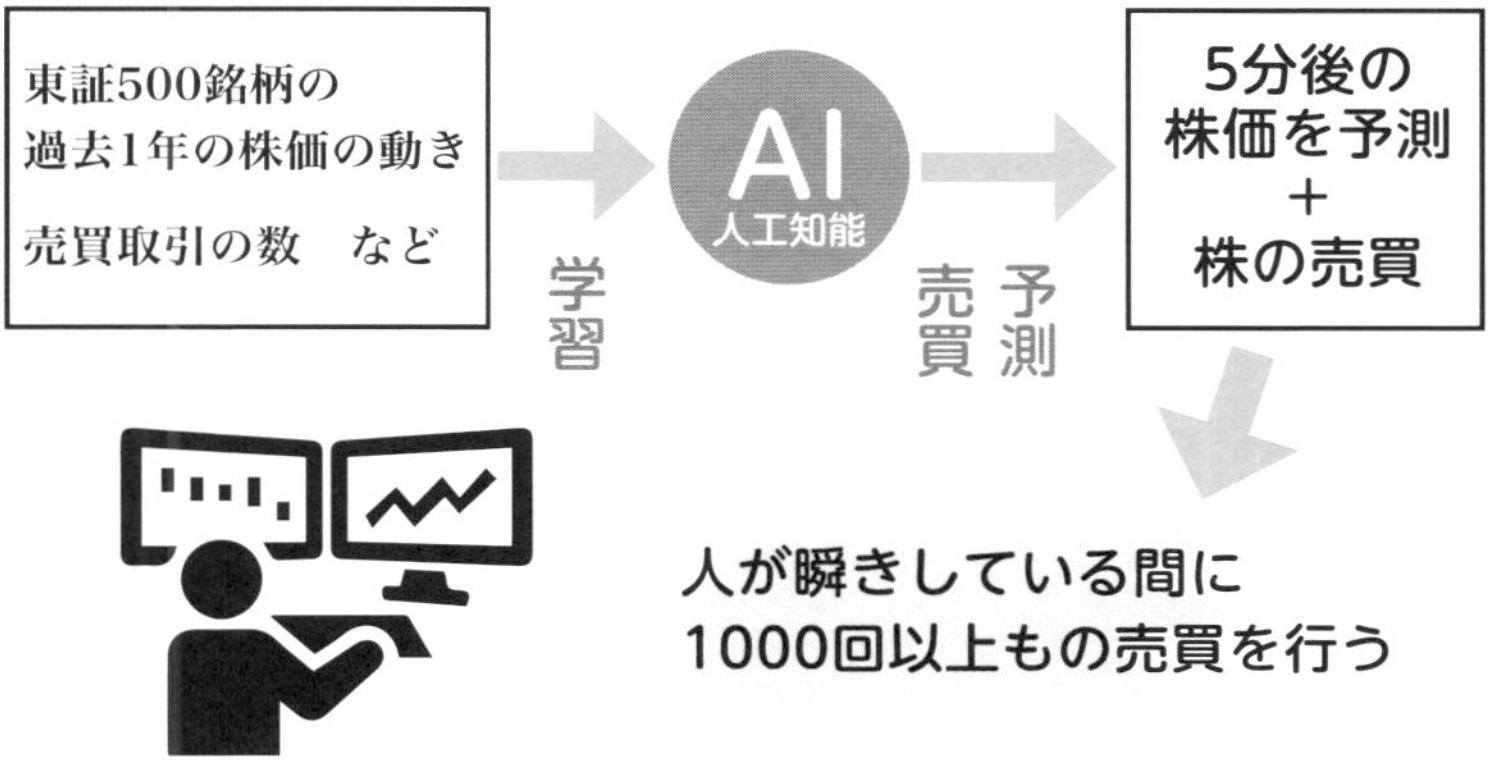

証券市場はAI同士の戦いとなりつつある

金融の新しい動き「フィンテック」

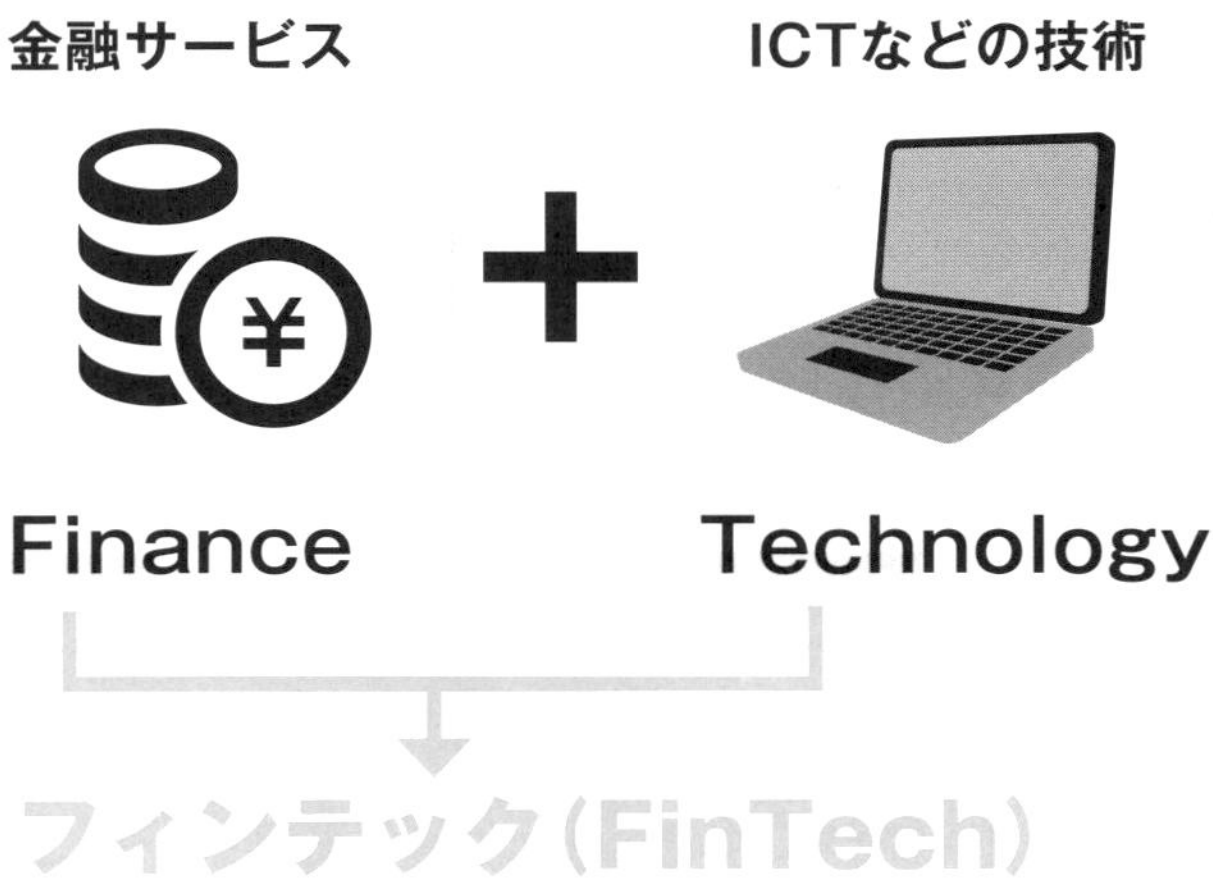

AIが変えること⑥金融業⑵

通貨や銀行の概念を変えるテクノロジー

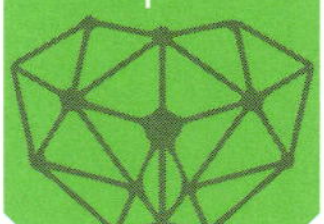

ファイナンスとテクノロジーの造語であるフィンテックがカバーするサービスの範囲は、非常に広範にわたっています。例えば送金、決済、仮想通貨、財務会計管理、AIを活用した融資、クラウドファンディング、ロボアドバイザー（AI）による資産運用アドバイス、スマートフォンによる資産管理など、挙げていけばキリがないほどです。こうしたフィンテックの導入によって、利用者にさまざまな恩恵がもたらされます。

１つめは、場所や時間に関係なく金融取引ができることです。これまでは銀行や証券会社の営業時間にしか手続きできなかったものが、パソコンやスマートフォンでいつでもどこでもできるのです。２つめは、取引の手間とコストが削減できることです。データの入力や集計などの事務作業をフィンテックで一元化すれば業務の効率化が可能です。３つめは、金融や投資に詳しくなくてもAIの助けによって取引ができるようになったことです。

こうしたフィンテックが行き着く先には、何が待っているのでしょうか。それは、**現金が不要となる「キャッシュレス社会」**です。経済産業省は、２０１８年４月に実店舗等の無人化省力化、お金がどのように動いたかを見えるようにする、**支払データの利活用などを目的とした「キャッシュレス・ビジョン」**を打ち出しました。キャッシュレスが浸透するにはフィンテックだけでは不十分で、法律や制度といった政府のバックアップが不可欠だからです。

併せて、日本では現金支払いの意識が根強いことや、停電時に決済できなくなる欠点をどう克服するかが普及のカギとなりそうです。

広い範囲をカバーするフィンテック

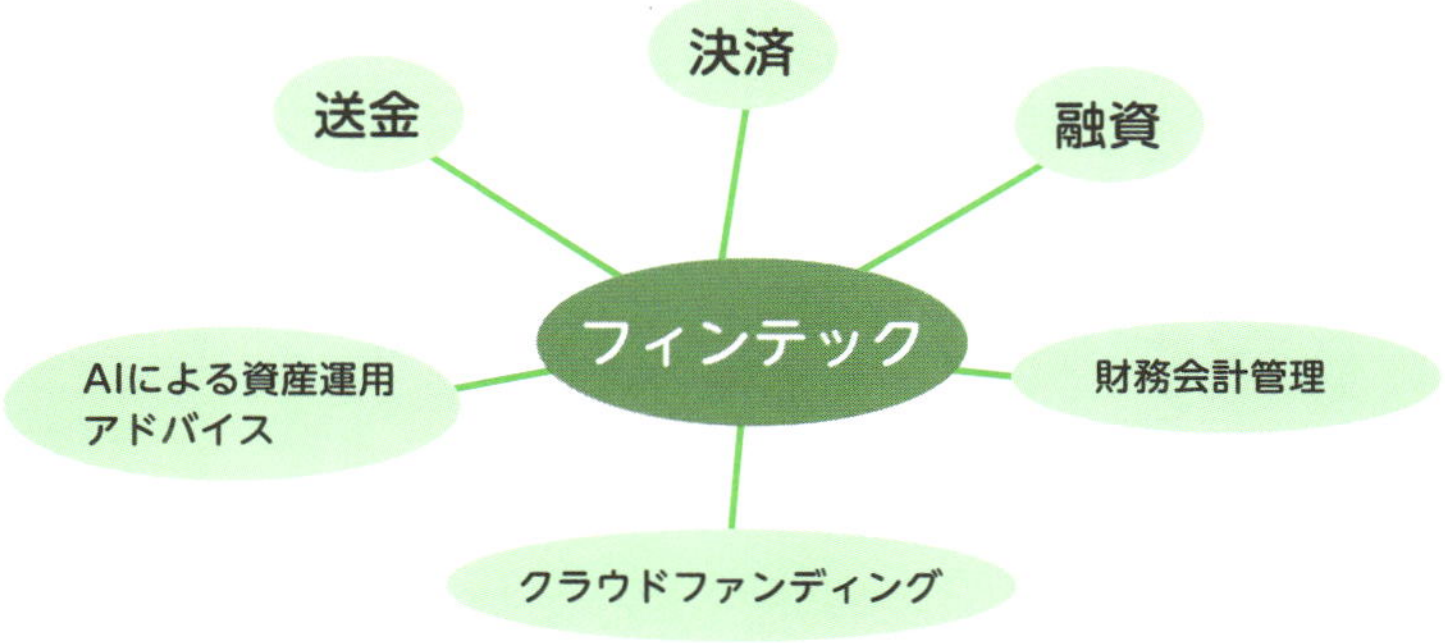

フィンテックが行き着く先はキャッシュレス社会

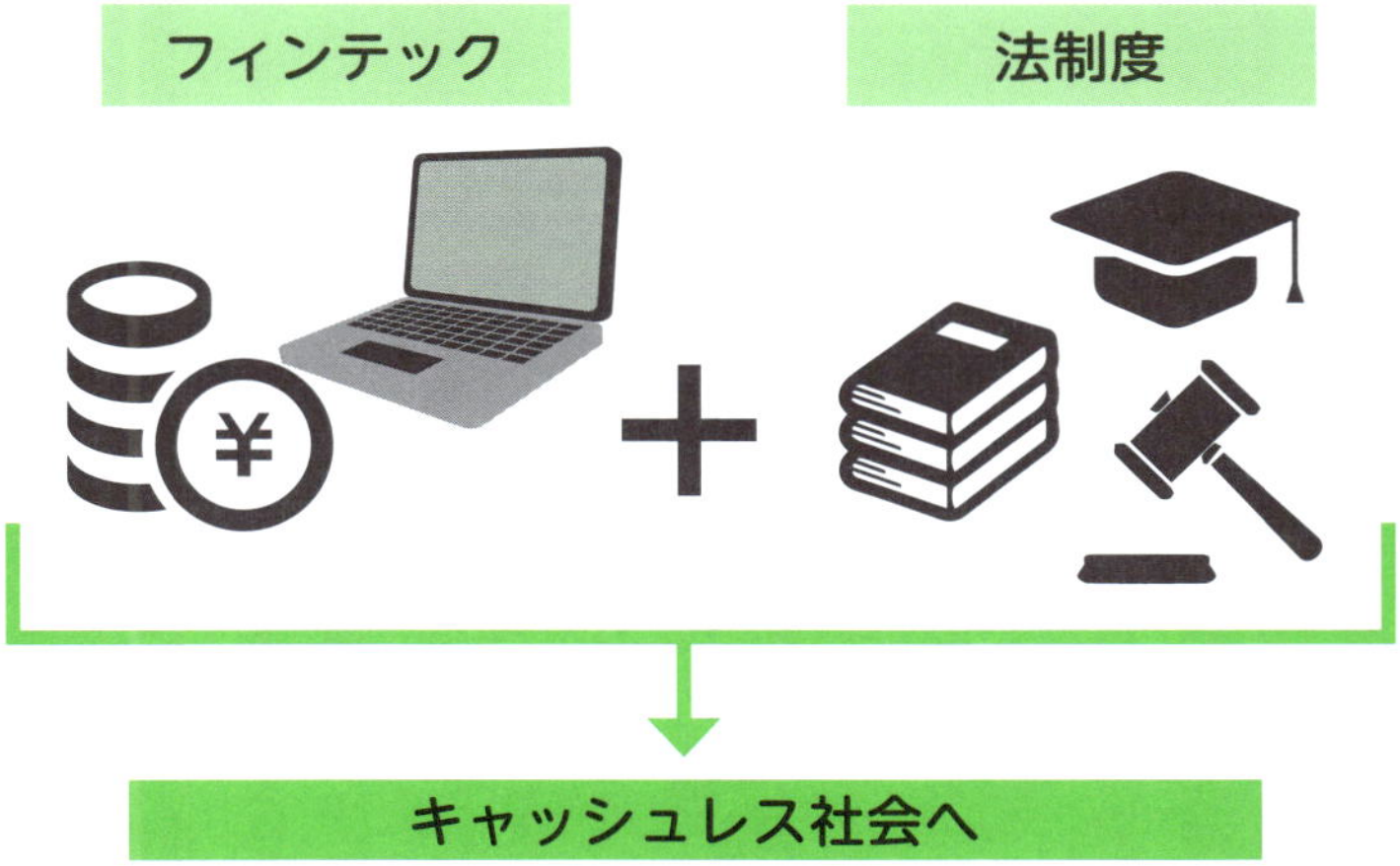

現金主義の意識、停電時の決済を
克服できるかがカギ

AIが変えること⑥金融業⑶

IT企業が金融業に参入

フィンテックの波は、私たちが日常よく利用する銀行にも押し寄せています。これまで銀行は、ATMを導入して窓口業務（預金や振り込み）の人員削減を進めてきましたが、今後は行内の事務手続きなどについての問い合わせ電話をはじめ、転記作業などの帳簿処理、情報収集、営業支援、ローン審査などもAIに置き換えることが検討されています。

証券や投資信託の販売も、AIによる注文の自動化、投資対象の選別などが行われています。三菱UFJ信託銀行は、2017年2月から**個人の資産運用向けにディープラーニングを活用した投資ファンドの提供**をはじめました。

このように金融業が激変しつつあるのは、人工知能と親和性が高いことが1つの理由です。金融業の業務は金利の変動、為替、資金を移動する決済など、人工知能が得意とする数字の計算だからです。もちろん、ビッグデータの分析もお手の物です。

ほかにも、銀行を介さずに決済や融資などのサービスをはじめる企業が増えてきた危機感があります。例えば、これまでフリーランスや中小・零細企業への融資は信用調査や書類の準備などに時間がかかる割に儲からないため、積極的ではありませんでした。そこで、IT企業などがAIを用いた金融サービスをはじめています。**企業とフリーランスを結ぶクラウドソーシング**のランサーズは、登録会員に対して、これまでの報酬額や仕事の評価などをAIを用いて分析し、最短で翌営業日に融資するサービスをはじめました。海外ではこうした融資は、米国のアマゾン・ドット・コムや中国のアリババグループなどが積極的に進めています。

人員の削減が進む銀行

窓口業務（預金・振込など） → ATMの導入など

融資 → 企業分析・格付けはAIが担当

外国為替 → 機械による自動化

証券・投資信託 → AIによる予測と売買

個人や中小・零細企業への融資

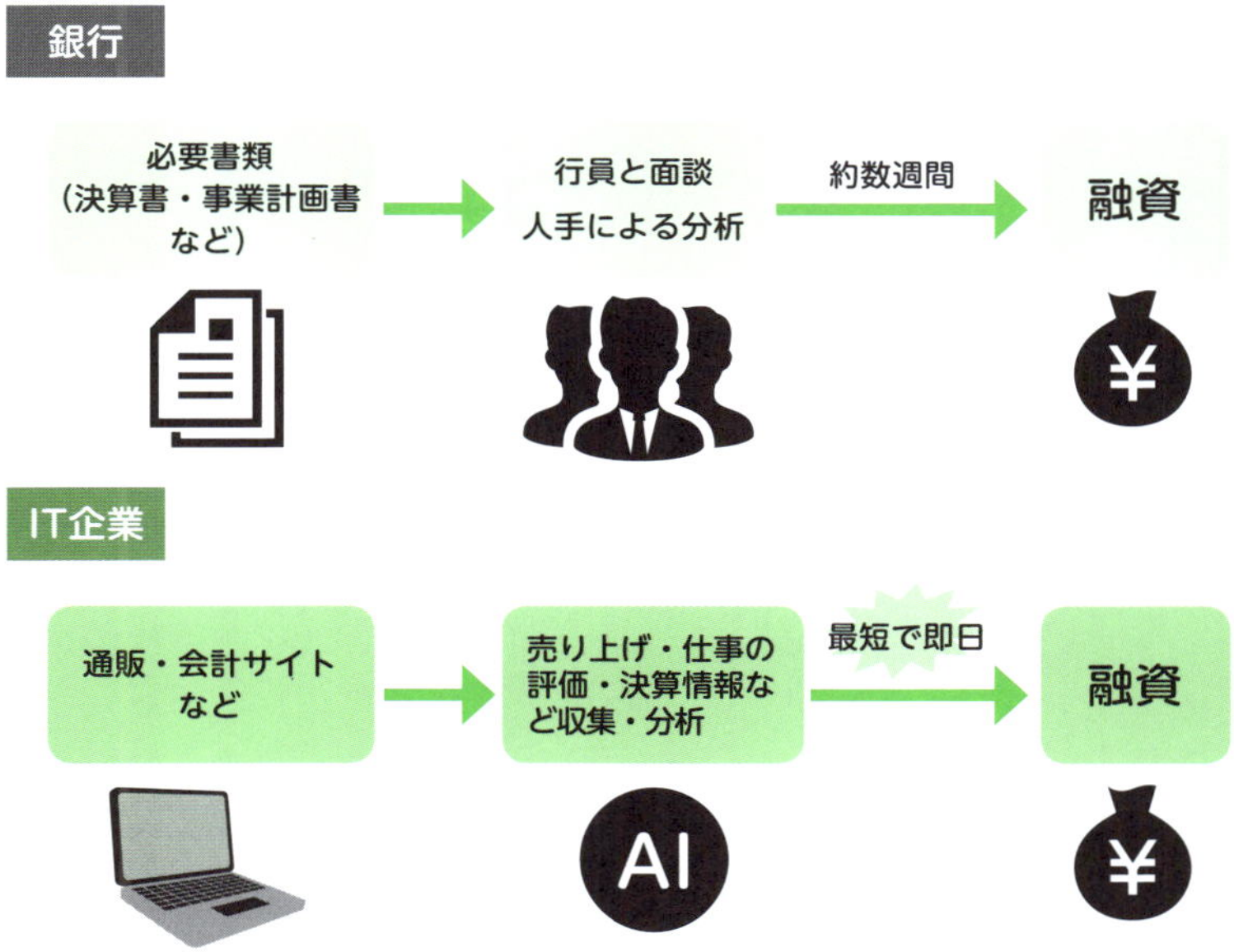

AIが変えること⑦物流(1)

物流の作業すべてにAIが活用できる

生産された商品を消費者へ届ける物流業界では、これまで多くの人手が必要でした。物流というと商品の**配送(輸送)**を思い浮かべるかもしれませんが、ほかにも、**荷役、保管、情報管理、流通加工、ピッキング、包装・梱包**などさまざまな種類があります。

荷役は、輸送や保管などのために商品の積み卸しと倉庫への出し入れする仕事を指します。重量があるものはフォークリフト、クレーンなどを使います。保管は、生産物を保存しておくことで、電気ストーブなら夏や秋に生産され、寒くなったらすぐに出荷できるようにしてあります。

情報管理は、どの商品がどの倉庫や流通センターにどれだけあるか、商品が現在どこへ運ばれているのかを管理することです。流通加工は、日用品や衣料品などの値札付け、商品に不良品やキズがないかといった検査、完成品にするための加工作業をいいます。ピッキングは、ラックから出荷する商品を取り出すことで、包装・梱包は、製品が破損や汚れを防ぐために箱などに入れることです。

物流業界では、機械化やオートメーション化を進めるのが困難でした。

例えばピッキングでは、形や大きさが異なる商品を正確に取り出さなければならないため機械化が難しく、ピッキングした後に配送車に積んだり、配送先で降ろしたりするのも人力で行ってきました。そして、作業員は長時間労働や肉体労働などで疲弊し、人手不足も深刻です。さらにインターネット通販やネットオークション、ネットフリーマーケットなどの普及により小口配送が増えていることも負担になっています。

機械化・自動化が困難だった物流業界

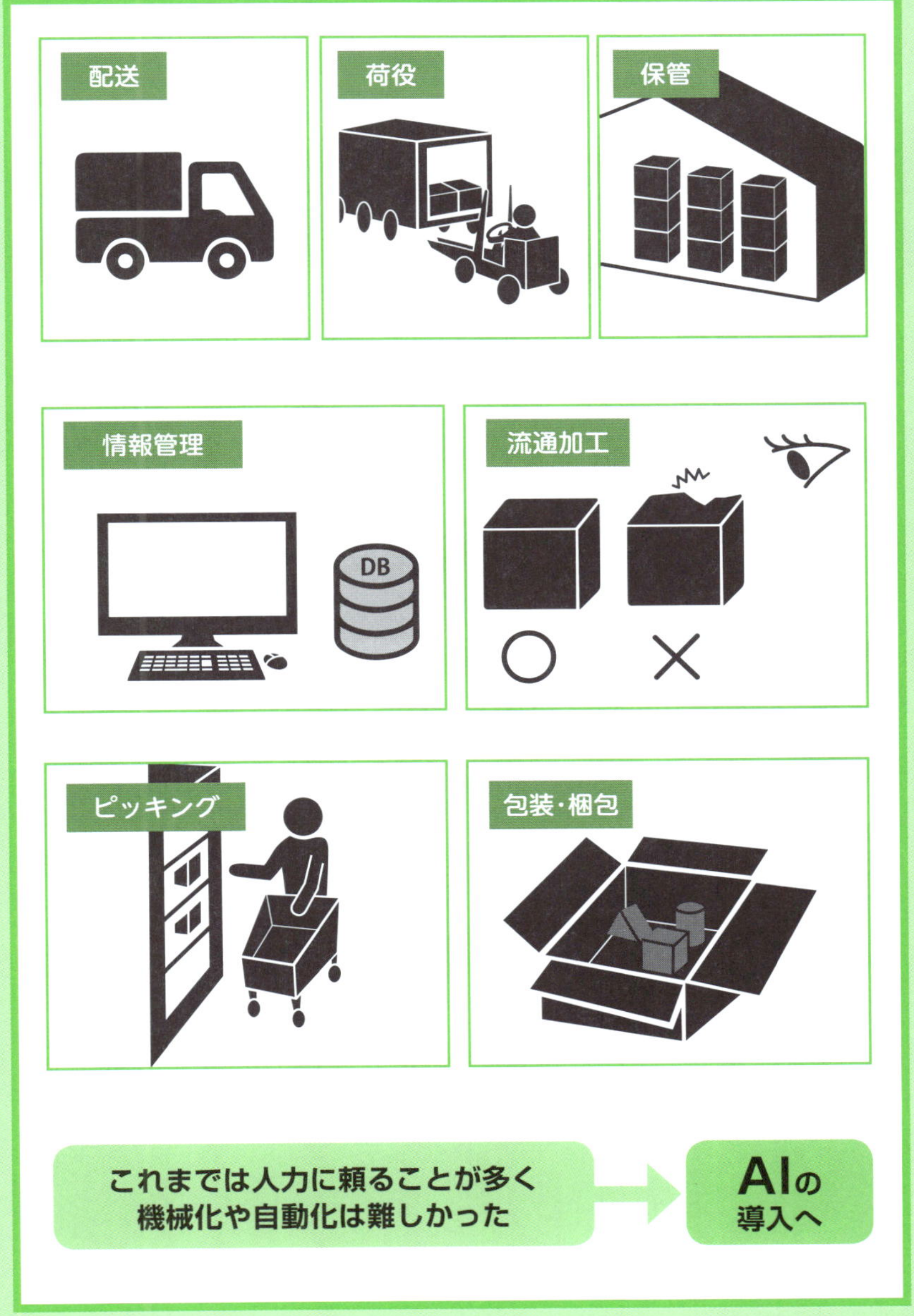

AIが変えること⑦物流(2)

AIや自動運転で「強い物流」を実現

従来は自動化や機械化が難しいとされてきた物流業界が、AIの導入によって大きく変わろうとしています。例えば、先述の**ピッキング**に関しては、たくさんの在庫の中から商品を探し出し、ひとつひとつ取り出さなければなりません。

これまでは作業員が倉庫内を歩いて製品を探していましたが、アマゾン、アスクル、ニトリなどはAI搭載のピッキング(またはピッキング補助)ロボットを導入し、作業時間と人件費の大幅削減に成功しています。このピッキングロボットに採用されているのが、3次元で認識する画像認識システムやロボットアームのつかみ方の制御プログラムなどです。

とりわけ画像認識システムは進歩が著しく、自動で製品の種類や破損の有無、天地無用や割れ物扱いなどの取り扱い上の注意などを判別できるシステムの開発も進んでいます。

また輸送では、**3台以上のトラックが縦に並んで走行する「隊列走行」**の実証実験も盛んに行われています。これは、先頭車両だけが有人運転で、残りの2台は先頭車両に追随する自動運転です。こうしたトラックの自動運転は、ドライバー不足の解消だけでなく、隊列走行により燃費向上や排出ガス削減効果も期待されています。こうした新しい動きに政府は2017年7月に「**総合物流施策大綱**(2017年度~2020年度)」を閣議決定しました。それによると、「**強い物流**」を実現するために、在庫、多頻度輸送等の見直し、物流システムの国際標準化、荷待ち時間・荷役時間の短縮、宅配便の再配達削減、小型無人機(ドローン)の活用、といった施策を提案しています。

AIとロボットによる商品のピッキング

ピッキング補助ロボット

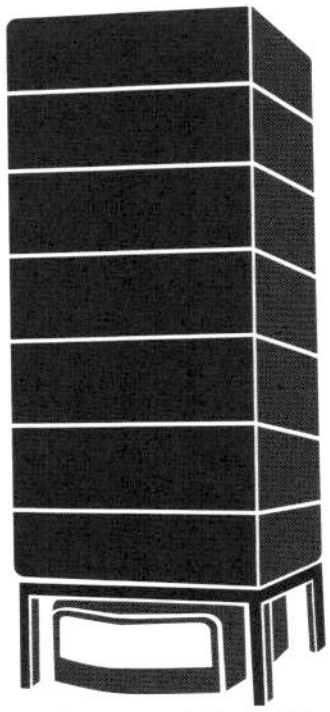

自走式ロボットが商品棚の下に入り込んで棚を従業員のもとへ運ぶ（アマゾン）

ピッキングロボット

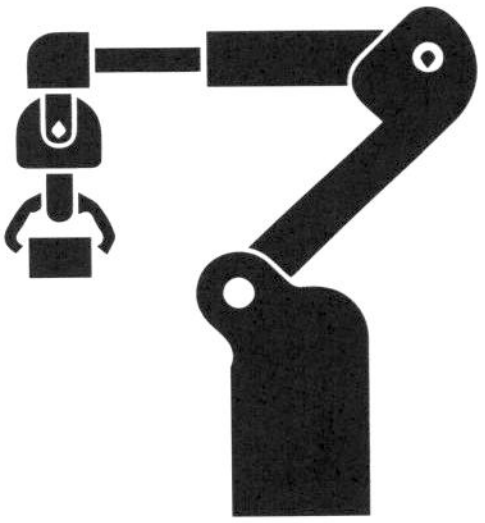

商品の形状や大きさを認識しロボットアームがピッキングする（アスクル）

トラック・隊列走行の自動化

3台以上のトラックが縦に並んで走行
1台のみ有人運転、後の2台は無人運転
現在、実証実験が行われている

AIが変えること⑧セキュリティ

セキュリティと犯罪抑止に威力を発揮するAI

防犯・監視・見守りカメラは、私たちの生活に安全や安心をもたらしてくれるものです。防犯カメラは銀行やコンビニなどに設置され、犯罪の抑止力としての役割も果たします。監視カメラは犯罪者の発見が主な目的で、目立たない場所に置かれています。見守りカメラは主に部屋で介護やペット、子どもの留守番などの見守りに使われています。

これらのカメラはITやAIの機能が加わることで、その役割を大きく変えつつあります。**防犯・監視カメラ**には3Dセンサーや音声認識機能、AIなどが搭載され、人の行動パターンを記憶して不審者の行動を素早く解析したり、複数のカメラを連携させて複数の人物の移動経路を特定したりできます。また、カメラの精度向上によって、ひとりひとりの顔や表情までも捉え、犯人を特定することが可能となりました。**見守りカメラ**の場合は、距離センサーにより被写体の人物が立っているのか、倒れているのかといった立体検知ができます。

また、AIは米国では犯罪予測に用いられています。ネブラスカ州のリンカーン警察では、リンカーンでの犯罪記録（5年分、11万件）を詳細に学習させたAIがこれから数時間以内に起きそうな犯罪の種類や場所を予測し、警官にパトロールの指示を出すようにしています。

さらに、シカゴ警察ではAIが将来、犯罪の加害者か被害者になる可能性がある人のリスト（40万人分）を作成しています。このように、治安のよさと監視は表裏一体で、監視システムが個人のプライバシーや人権を侵害する可能性については、今後さまざまな議論が必要です。

生活に安全をもたらす防犯・監視・見守りカメラ

防犯カメラ	監視カメラ	見守りカメラ

防犯カメラ・監視カメラ →

IT・AI　3Dセンサー、音声認識機能、高精度カメラ など

→
- 不審者の行動を解析
- 人物の移動経路の特定
- 犯人の顔を特定 など

見守りカメラ →

距離センサー など

→
- 被写体の人物の立体検知 など

セキュリティから監視社会へ

治安のよさ ⟷ 監視社会

表裏一体

治安のよさ
- 安全・安心
- 犯罪が少ない
- 犯罪予測
- セキュリティがしっかりしている

監視社会
- 個人のプライバシー、人権侵害の問題

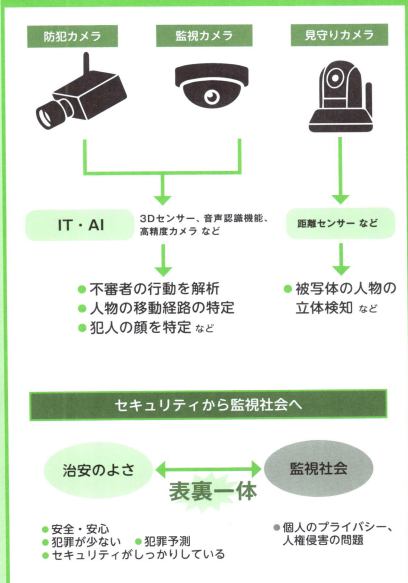

AIが変えること⑨マーケティング(1)

AIとビッグデータで生活が豊かになる

AIやディープラーニングは、膨大なデータを解析し、法則性を見つけ、人力ではこれまで到達できなかった選択肢を提示してくれます。そのため、顧客の膨大なデータを用いるマーケティングの分野からも熱い視線が注がれています。

マーケティングは商品開発からはじまり、販売戦略や広告に至るまでの一連のプロセス、つまり「商品が売れるしくみ」をつくり出すことです。そのためには顧客が何を求めているのかをリサーチする市場調査、新聞やインターネット広告やDMといった広告宣伝活動、こうした活動がどれだけ売り上げに結びついたのかの効果検証を行います。

顧客は、実にさまざまな情報を持っています。年齢、性別、居住地域などの属性データ、店舗の購入記録、ネット通販の購入記録や購入頻度などの行動データ、アンケートの回答などに見られる意向データ……。企業はこのようなデータを活用し、マーケティングに役立てています。

しかし、人力で数千人、数万人単位のデータを分析するのは無理があります。そこで、AIとディープラーニングの出番です。**ビッグデータ**は、そのままでは雑然とした情報の山でしかありません。**ビッグデータを整理・分類・解析する。「データマイニング」**により、法則性や新しい知見を見つけ出すことができます。

インターネットで検索すると、**入力したキーワードと連動した広告が表示される「検索連動型広告」**や、**ウェブページの内容を判断して関連広告を表示する「ディスプレイ広告」**などは、身近な例といえるでしょう。

顧客はさまざまな情報を持っている

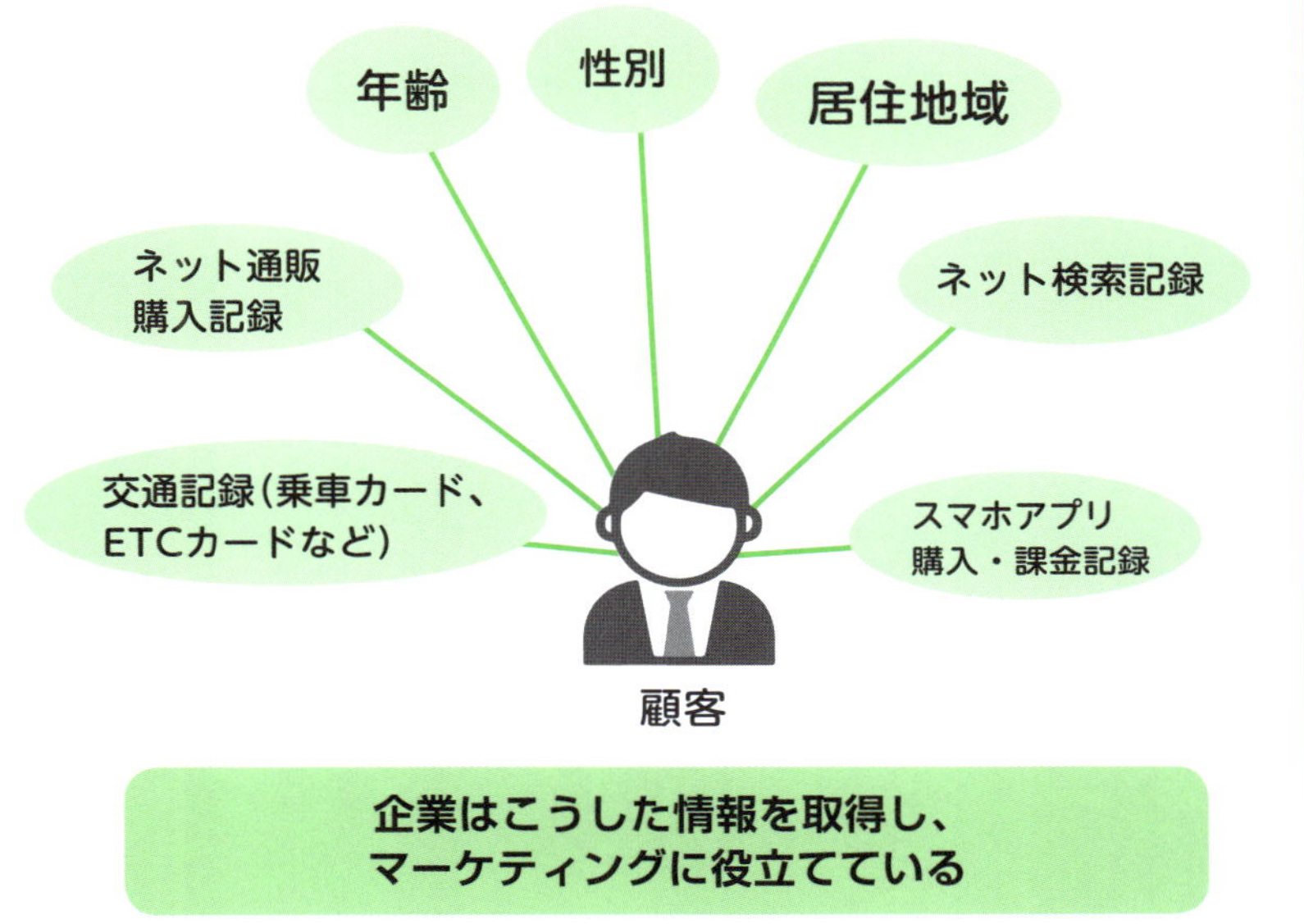

ビッグデータから法則性や新しい知見を得る

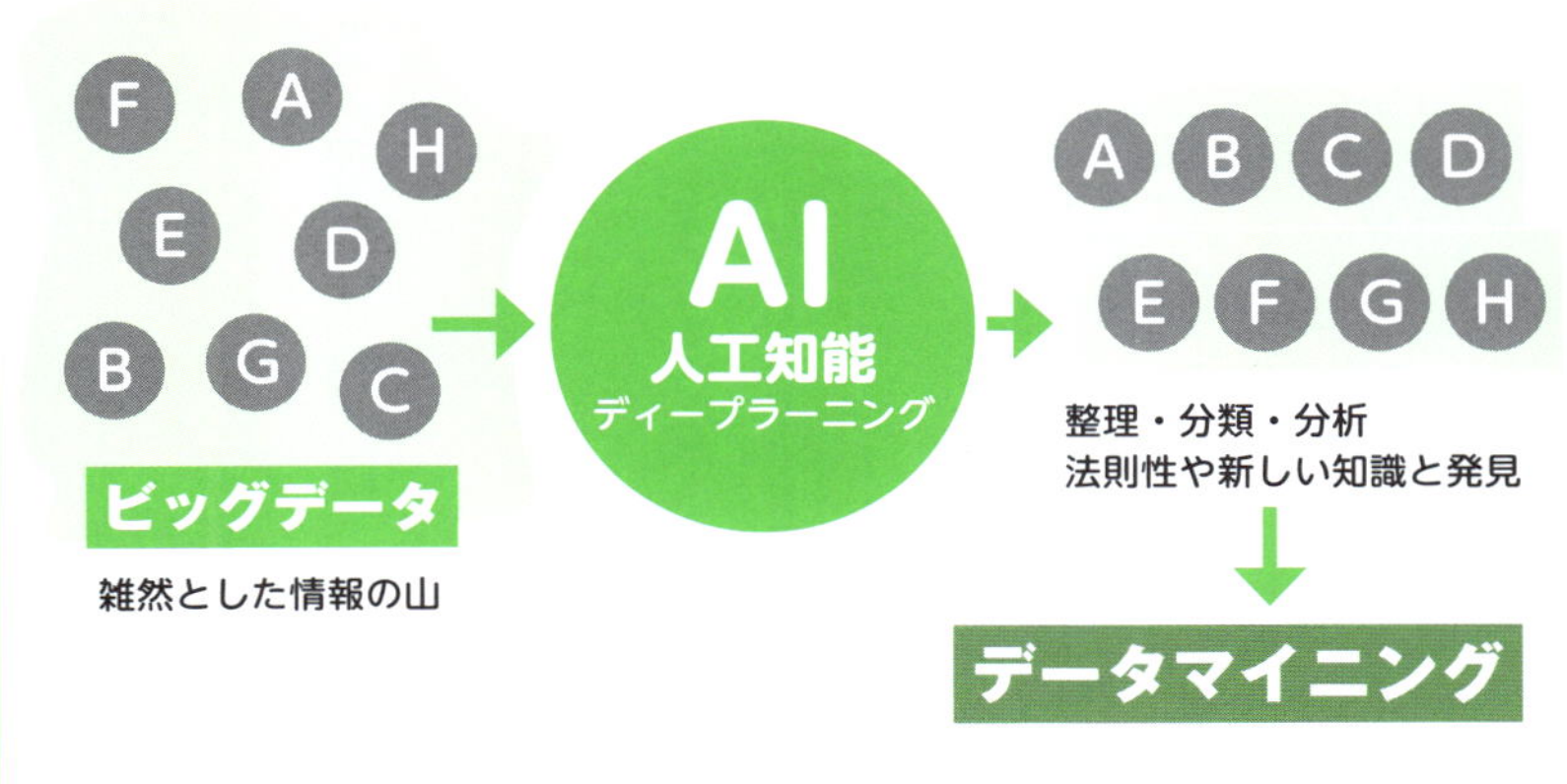

ＡＩが変えること⑨マーケティング(2)

30分先の未来予測も行うＡＩ

ＡＩは、人生の大きな出来事の1つである「結婚」に関わるサービスにも応用されはじめています。**婚活支援サービスで、相手のマッチングを人間ではなくＡＩが行う**のです。興味深いのは、分析の対象はこれまで重視されてきた相手の年収・身長・学歴などではなく、面接の際、希望者がどのような結婚を希望したか、休日の過ごし方などについて記入した文章だということです。文章をバラバラに分解し、単語、接続詞、助詞、使用する順序などからその人の特徴を導き出します。そして過去に結婚に至った組のパターンを多数学習させ、そのパターンに似た男女をマッチングする、というしくみです。

このほか、掛け合わせた膨大なデータとＡＩを活用し、実用化されたのがＮＴＴドコモが開発した、**現在から30分後までのタクシーの「乗車需要予測サービス」などのＡＩタクシー**です。

予測では、ＮＴＴドコモが所有する携帯電話の位置情報データとタクシー業者が持っている顧客の乗降データ、さらには天気、日付、曜日などを掛け合わせます。過去データでタクシーに乗った人が多かった場所に人が集まれば「需要がある」と判断し、その場所に行くようにタクシーに搭載された液晶画面に指示が出ます。さまざまな分析データを取り込むことで、高い精度の予測を実現、顧客によるタクシー待ちの時間短縮、イベントなどの乗車需要の急増に対する対応、ドライバーの運転効率の向上につながりました（2022年6月15日サービス終了予定）。

このように、マーケティング業界でもＡＩとディープラーニングは着実に成果を上げ、従来のビジネスに新たな光をもたらしてくれるのです。

結婚相手を人工知能が選ぶ

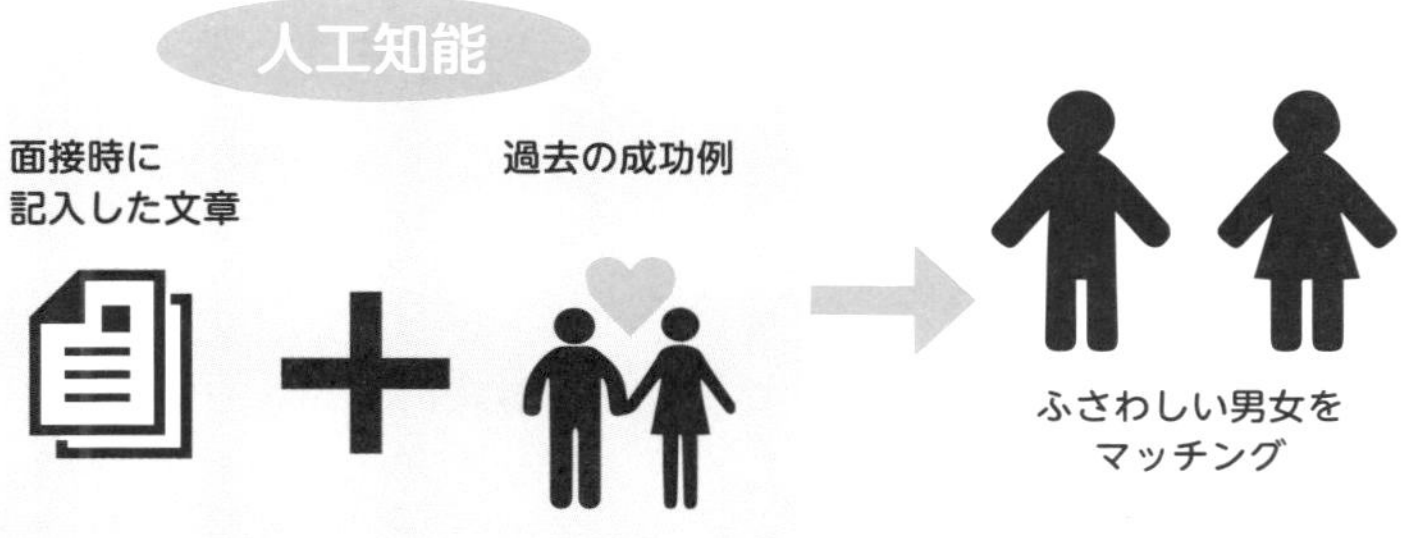

未来の乗車需要を予測するAIタクシー

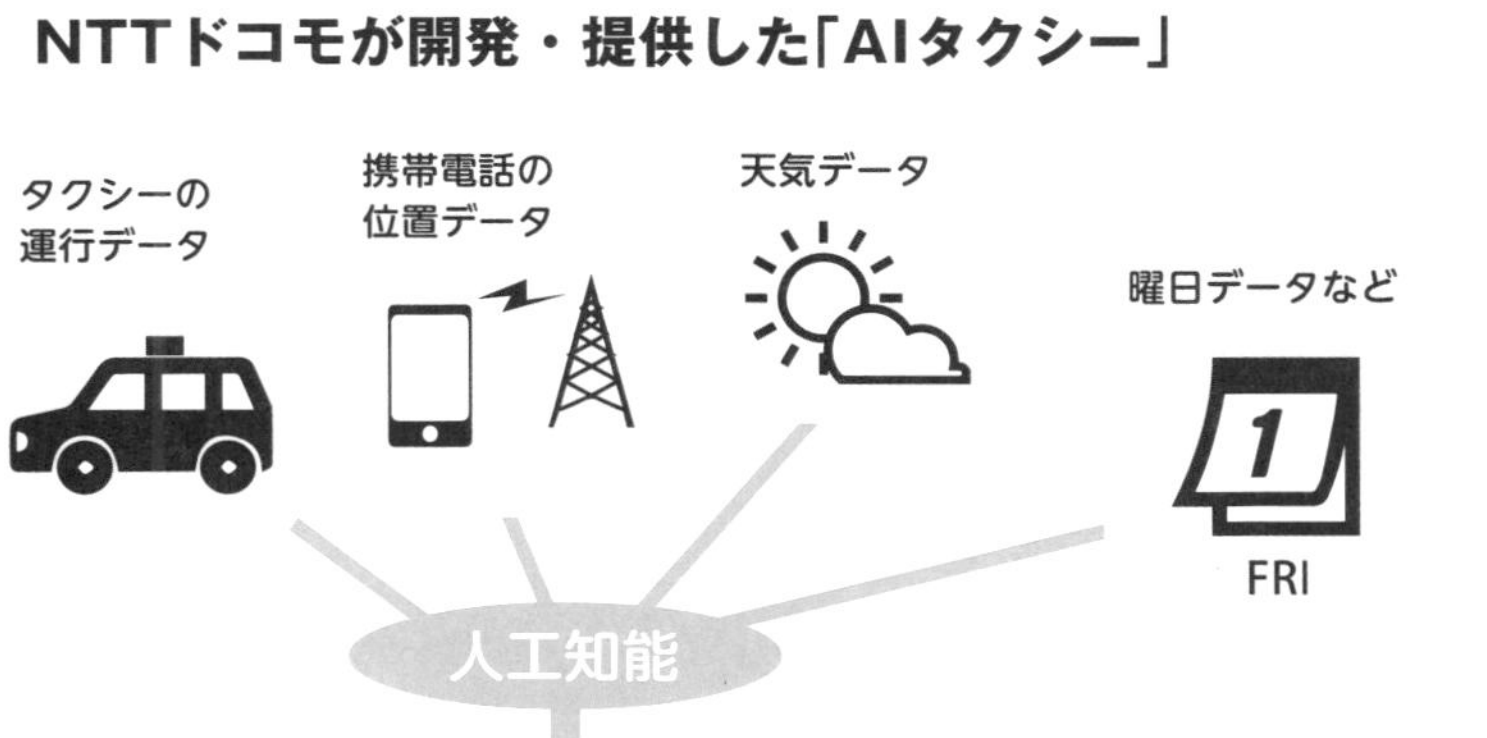

Column

AIがゲームをもっと、もっとおもしろくする

AI開発の発展を語る上で、「ゲーム」という要素は欠かせません。AIと人間が繰り広げたチェスや囲碁での勝負により、AIの開発が進んだといってもいいでしょう。

実はAIには、現実世界で活躍するときフレーム問題などの問題が残されていました。その中でも「ゲームAI」分野は、ゲームというフレームの中でAIが活躍でき、進化させるには最適なシチュエーションでした。

ゲームAI開発の背景には、「記号主義（教師あり学習）」と「コネクショニズム（教師なし学習）」という、大きな2つの流れがあります。「ワトソン」は、記号主義の代表。「アルファ碁」は、コネクショニズムの代表とされています。

記号主義のAIは、予想される範囲で着実に学習・進化していきます。しかし、コネクショニズムのAIは、その学習内容や進化の過程が未知数のところもあり、果てしない可能性を秘めています。

現にアルファ碁は、人間の棋譜を学習した後は、自己対戦によって強化学習を繰り返し強化し、思考過程も解析されていません。将来的には、記号主義とコネクショニズムを融合させる動きがあります。実現すれば、これまでにない最強のゲームAIが誕生するかもしれません。

第3章

テクノロジーの進化と変わる生活

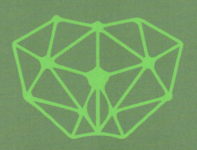

インターネットですべてがつながる世界

テクノロジーのベースはインターネット

私たちは、パソコンやスマートフォンなど常時**インターネットに接続されている世界**で暮らしています。しかし、インターネットが普及する1990年代以前は、パソコンを取り巻く環境が大きく異なっていました。ネットワークは存在していたものの、限られた研究機関や企業の間で行われていました。

インターネットの普及で変わったことは、距離や時間を気にしなくてもよくなった、情報が速く手に入るようになった、個々人が**SNSなどで情報を発信できるようになった**などさまざまです。その1つに、一定のフォーマットで**規格化されたデータ**の共有・流用・コピーや加工が、インターネット上でできるようになったことが挙げられます。

例えば、スマートフォンでSNSに写真を投稿するときは、カメラで撮影し、必要に応じてアプリで加工。インターネット経由でSNSに写真をアップロードして、説明文などを投稿すれば終了です。こうしたファイルの共有、流用、コピー、加工の作業は撮影された画像が規格化され、さまざまなアプリやサービスで利用できるようになっていることが前提となっています。

インターネット普及前のアナログ時代は、写真はフィルムカメラで撮影してフィルムを現像に出し、プリントされたものを選別してから個展などで一定の地域や限られた人々に見てもらう形が一般的でした。そして各プロセスは独立しており、容易にコピーや加工、共有ができませんでした。

ただし、そうした中でもデータの集積は盛んに行われており、これが現在の**第3次ブーム（ビッグデータの学習）**の土壌を形成していきました。

世界中とつながるインターネット

インターネット普及前

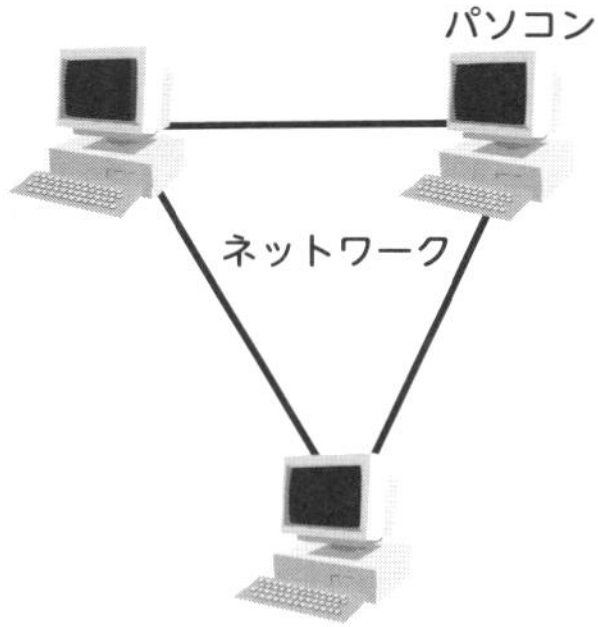

限られた研究機関や企業の間で行う

インターネット普及後

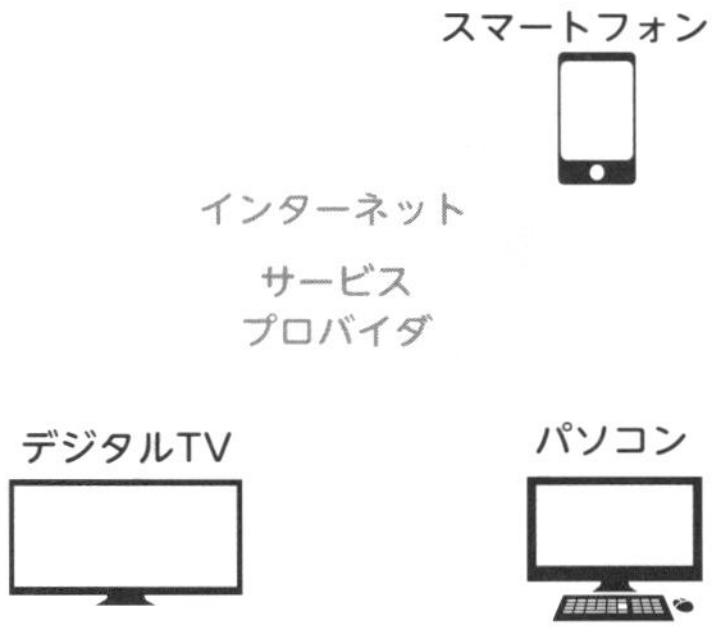

世界中に開かれている

データの共有や加工が容易に

インターネット普及前

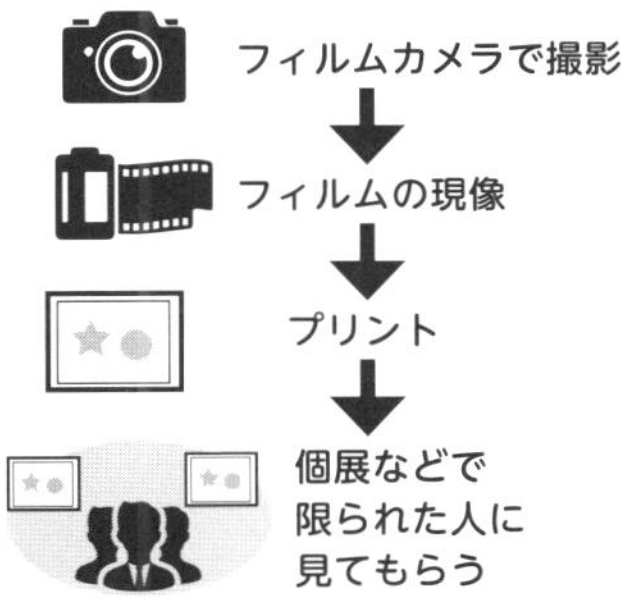

インターネット普及後

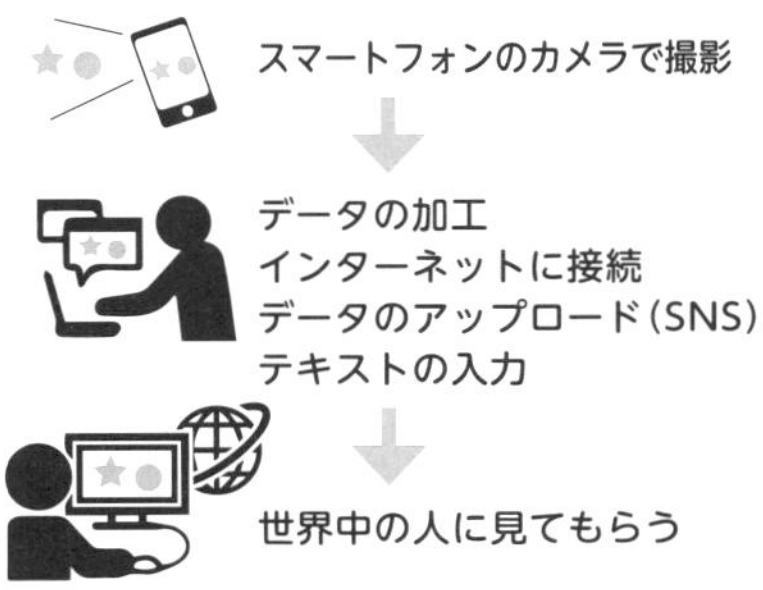

インターネット上で
データの共有・流用・コピー・加工が可能

すべてのデータが仮想空間に保存される

クラウドサービスが進化したＳａａＳソフトウェア

インターネットの普及により、多くの人々がたくさんのデータをやりとりするようになり、高速回線が求められました。そして光回線の普及やプロバイダー（インターネットに接続するための通信事業者）の技術向上などにより、現在ではたくさんのデータをより速く送ることができるようになっています。

　これにより、インターネット黎明期とは異なり常時接続が当たり前の状態となり、ソフトの使用やデータの管理を利用者の各パソコンではなく、**インターネット上のサービスを用いて行おうという動きが出てきました。これをクラウド・コンピューティング**といいます。各パソコンにはインターネットへの接続機能やブラウザーなどの環境を整え、サービス料金を支払うことで**サービス事業者（ＡＳＰ）が提供するさまざまなソフトやサービスが利用できます。**

利用者にしてみれば、会社で使用する何十台、何百台分のソフトを買わずに、必要なソフトを必要な期間使うことでコストダウンが期待できます。

　このように、従来の各パソコンにインストールされていた**パッケージソフトの機能が、クラウドのサービスとして提供されることをＳａａＳ（サース）**といいます。クラウド・コンピューティングの一種で、ＡＳＰはソフト開発会社とサービス提供会社が別でしたが、ＳａａＳはソフト会社がサービスも提供しています。インターネット環境があればどこからでもアクセスでき、**データはインターネット上のストレージ（記憶装置）に保存可能**、そしてチームでデータの管理や編集ができる特徴から、ビジネスでの活用だけでなく、個人データの保存にも期待されています。

クラウド・コンピューティングとは何か

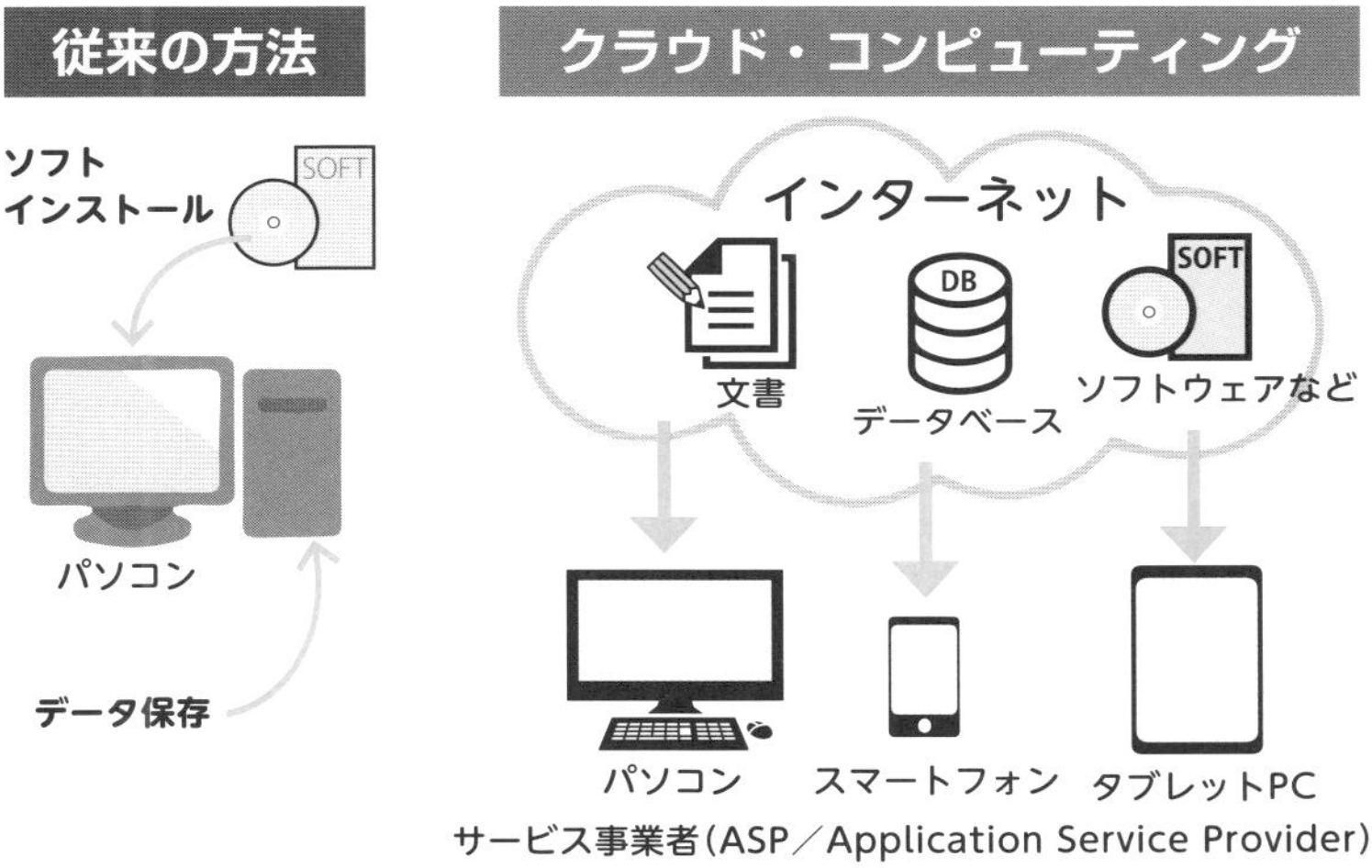

個別のパソコンなどにソフトをインストールせずに
インターネット上のソフトやサービスを利用すること

SaaS（サース）とは何か

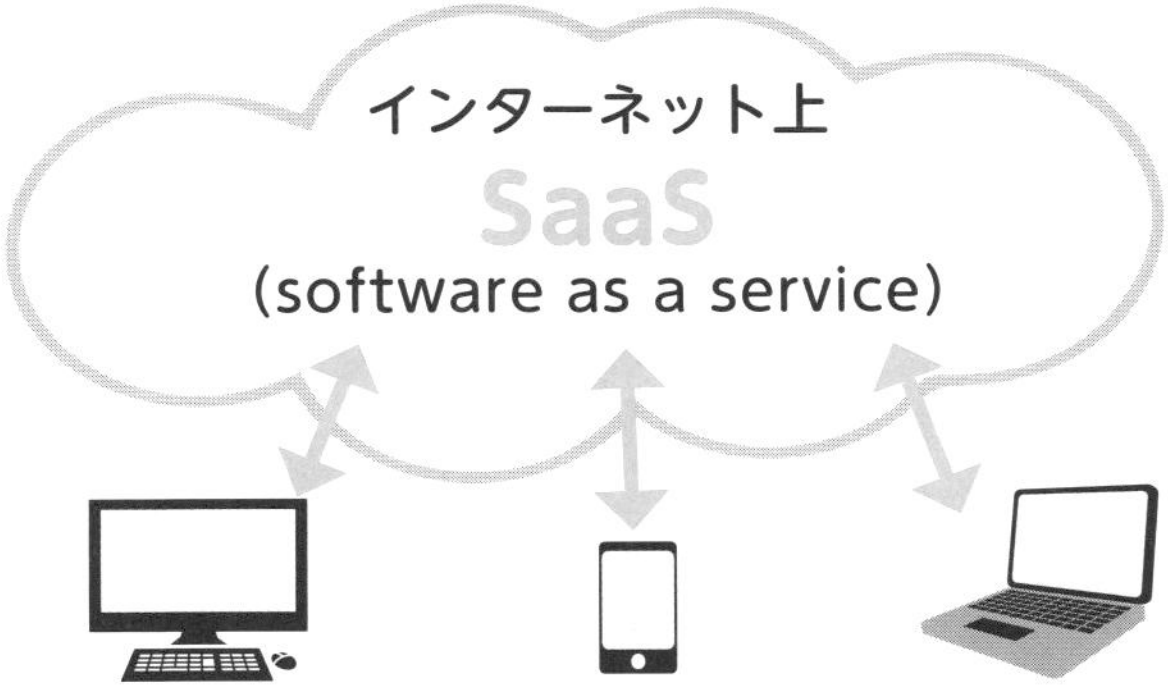

インターネット上のソフトウェアを呼び出して利用すること

ＩｏＴと生活①インターネットにつながる家電

生活情報もインターネットで管理する

インターネットはパソコンや携帯電話だけでなく、自動車やテレビ、医療機器などにも接続されることで通信や操作の自動化などが可能となっています。こうした多種多様なモノがインターネットに接続され、情報のやりとりや機器の制御などを行うことを**「ＩｏＴ」(Internet of Things)**といいます。

ここでは例として、家庭用のＩｏＴを例に取り上げてみましょう。**アマゾンエコードットやグーグルネストといったスマートスピーカーは、マイクで人間の音声を認識し、情報検索や音楽再生など連携機器の操作を行います。**ワイファイやブルートゥースなどでインターネットに接続、内蔵マイクで人間の音声を認識し、**ディープラーニングにより最適化**されたサーバー側の答えをスピーカーから発するしくみとなっています。

また、居住者の行動をセンサーでキャッチし、ディープラーニングによって行動パターンを学習し、自動的に照明のオンオフやカーテンの開け閉めなどを行ってくれるシステムもあります。ほかにも、**スマートスピーカーを介してさまざまな機器をコントロールすることも可能**です。

起床時にベッドの中からスマートスピーカーに「おはよう」と声をかけると、自動的にシャッターとカーテンが開いてテレビやエアコンが作動します。出勤で家を出る際に「いってきます」と声をかけると、今度はテレビやエアコン、照明がオフになるといったように利用することができます。

このように、ＩｏＴを活用するとさまざまな機器や家電が自動制御できるようになり、私たちの生活を豊かで便利なものにしてくれるのです。

IoTとは何か

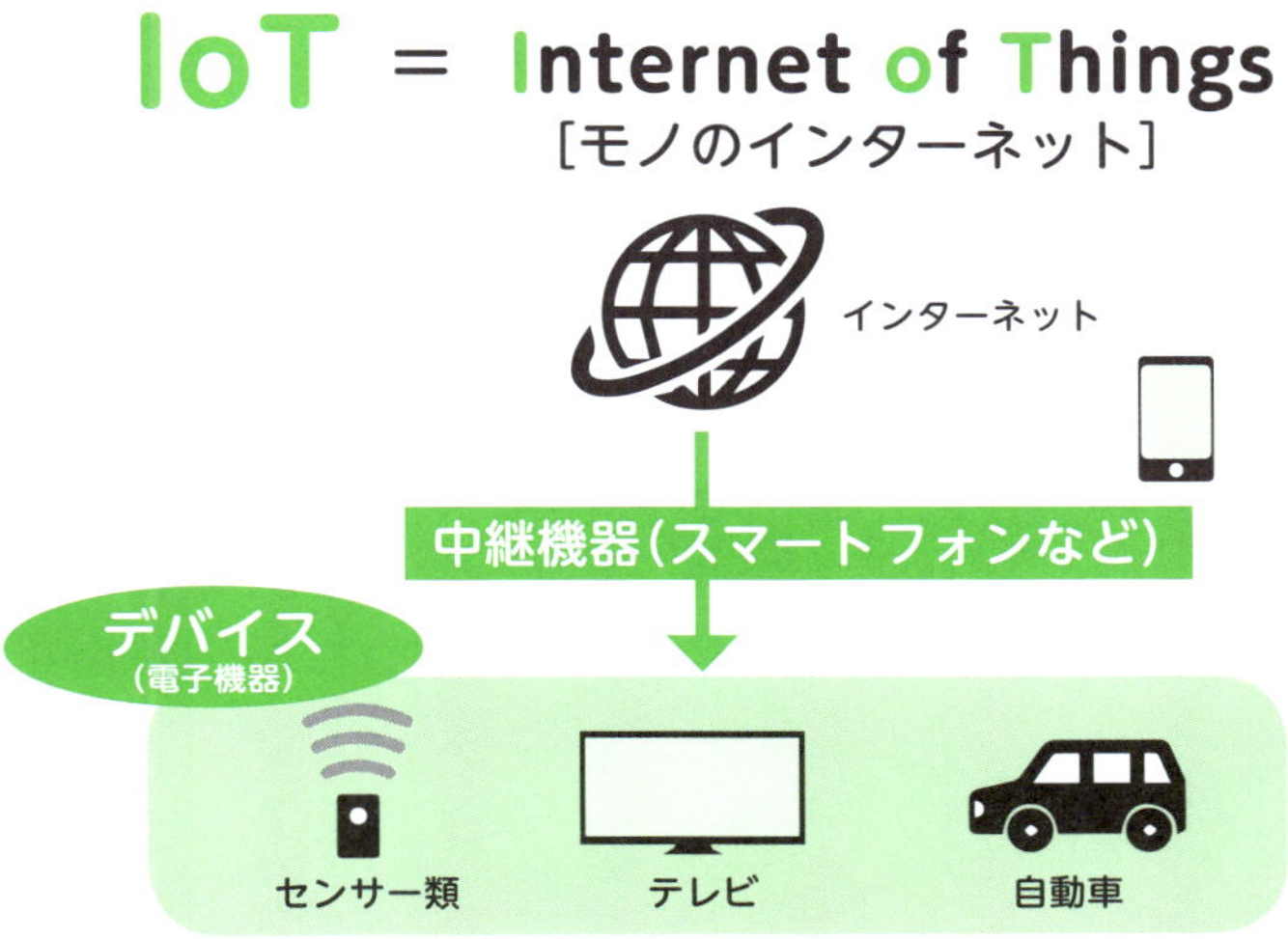

さまざまな機器がインターネットに接続され、
情報のやりとりや機器の制御ができる

音声による制御も可能なIoT機器

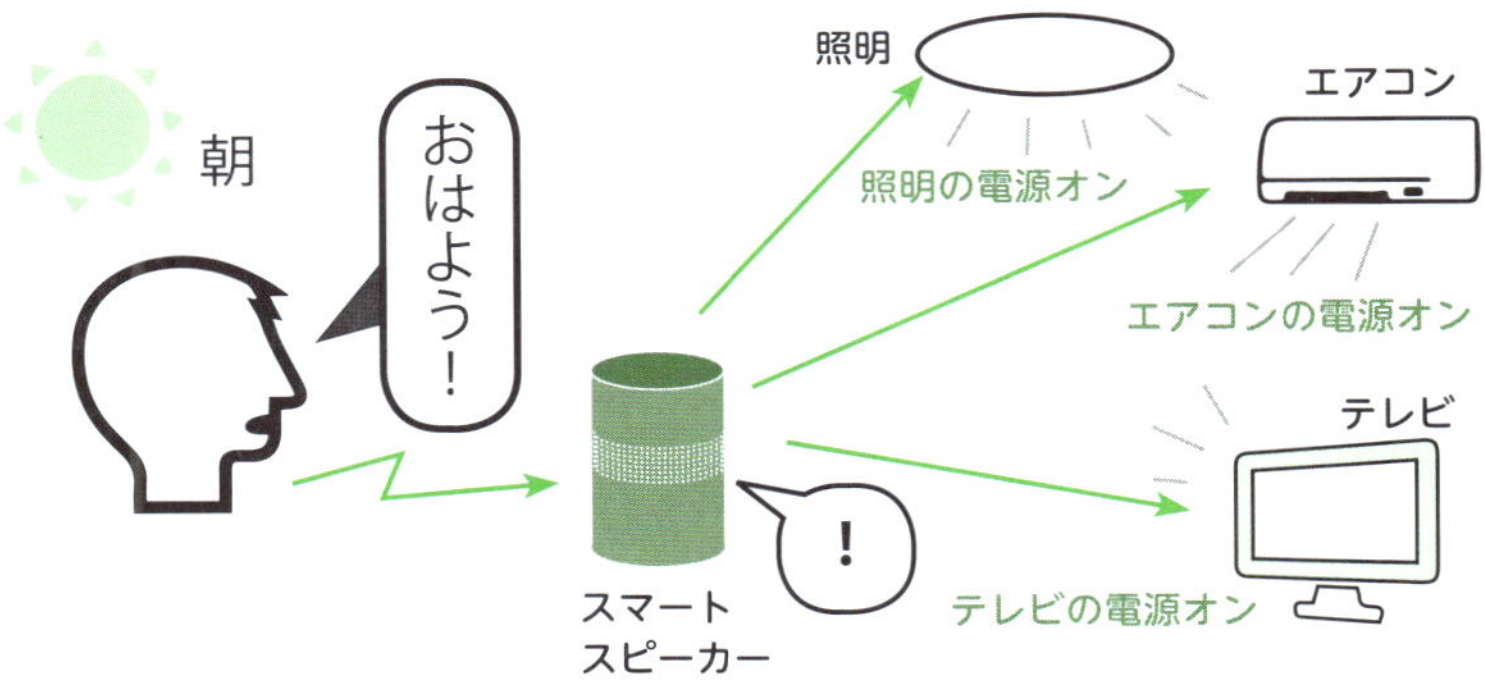

スマートスピーカーが主な家電のリモコン代わりになる

IoTと生活② 進化するホームセキュリティ

家の警備もインターネットで管理する

IoT機器は、部屋の中の家電を制御するだけでなく、**ホームセキュリティ**分野でも威力を発揮してくれます。ホームセキュリティは住宅内にセンサーを取り付け、火災、ガス漏れ、空き巣などの侵入者といった異常を検知すると、警備会社などへ自動通報したり、警報が鳴ったりして住まいを守ろうとするシステムのことで、戸締まりや防犯カメラの録画などを自動で行ってくれるIoT機器もあります。

空き巣などの防止には、不審者が窓や扉を開けるとセンサーが感知して警報が鳴るシステムや、アプリを通して設置した防犯カメラの映像をスマートフォンで確認できるサービスなどがあります。

家の中のセキュリティに関しては、**スマートフォンやカードをかざしてカギを開け閉めできるスマートキー（スマートロック）、ペットの見守りと自動給餌器ができるシステム、窓に設置したセンサーを通じて家の戸締りを把握できるシステム**など、いずれもスマートフォンと連動して便利に活用できます。

これから需要が高まる可能性が高いのが高齢者向けのホームセキュリティサービスです。**スマートウォッチ**を手首につけて、**身体の動きが一定時間検知できない場合に救急通報するシステム**や、屋外や屋内で急病やケガをしたときに**居場所を知らせるGPS付きの携帯端末**などがあります。

また、離れて暮らしている親が心配な場合などは、生活動線やトレイのドアなどにセンサーを設置して一定期間検知がなかった場合に通知される**見守りシステム**もあります。非常に便利なシステムで期待されていますが、停電時に機能が使えなくなる欠点もあります。

ホームセキュリティに役立つIoT機器

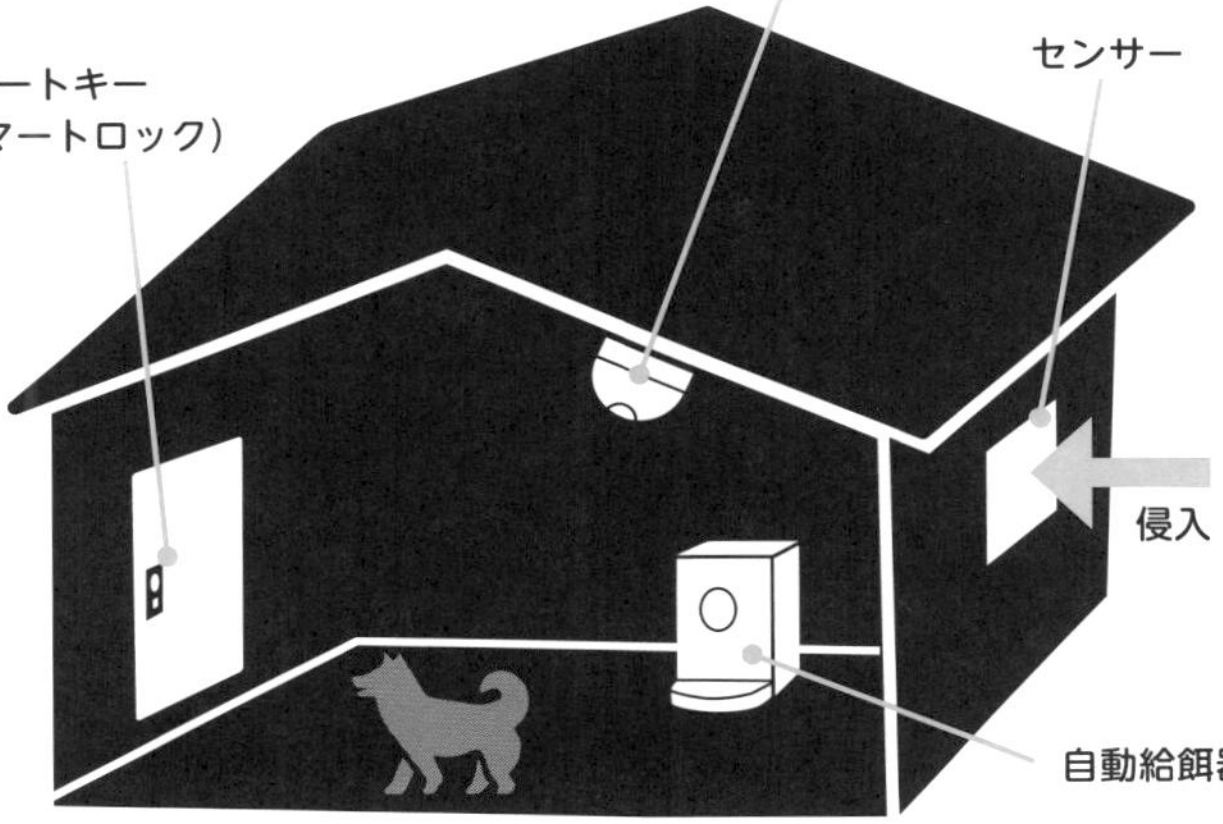

IoT機器を利用することでスマートフォンと連動したホームセキュリティを実現できる

高齢者向けのホームセキュリティ

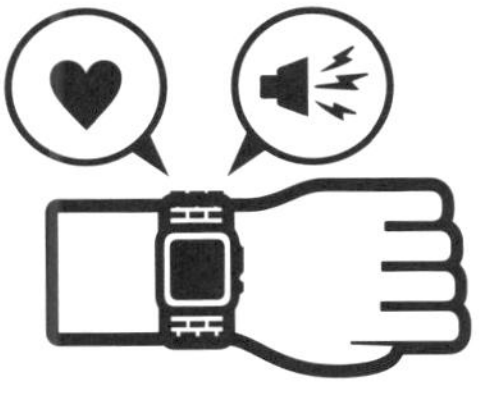

健康管理と救急通報ができるスマートウォッチ

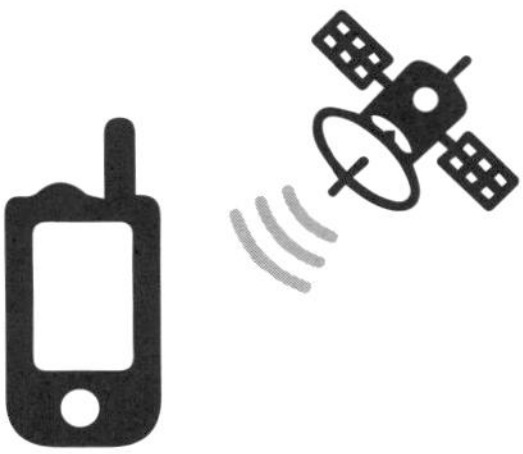

屋内・屋外で急病やケガの際に通報できるGPS付き携帯端末

これから需要が高まる可能性が高い

40

通信端末がさらに小さくなる日が来る

人類の通信手段はどこまで進化するのか

携帯電話は電話機の小型化とワイヤレス化から始まり、現在主流のスマートフォンは通話に加えてインターネット、動画・写真撮影、アプリの使用といった用途で用いられています。やりとりできる情報量が増大したことや、液晶画面などが加わることで大型化も進んでいますが、今後はどのような形で進化していくのでしょうか。

現在、考えられることの1つが**ウェアラブル端末**としてのデータ管理とモニター、コントローラーの役割が増える可能性があることです。ウェアラブル端末は**「ウェアラブル」（着用できる）**という名の通り、身に付けて身体データや行動ログを記録したり、スマートフォンから離れたところにいてもメールや着信があったことを通知したりしてくれます。

リストバンド型のスマートウォッチをはじめ、ヘッドマウントディスプレイ型などがあり、人々の健康志向も相まって血圧や心拍数などの健康管理に使う人が増えています。

さらにこれから注目されるのは、装着型のウェアラブル端末から一歩進んだ**埋め込み型の「インプラント型端末」**になるかもしれません。

これは、人間の体内にマイクロチップやマイクロコンピューターを埋め込み、体内データの収集やデータの送受信をすることで健康管理やカードキーの役割などができるものです。

しかし、埋め込まれたマイクロチップやマイクロコンピューターが人間の身体や精神にどのような影響を及ぼすのか未知数であることや、体内に埋め込むことに抵抗を感じる人も多く、普及にはまだ課題が多いというのが実情です。

ウェアラブル端末とは何か

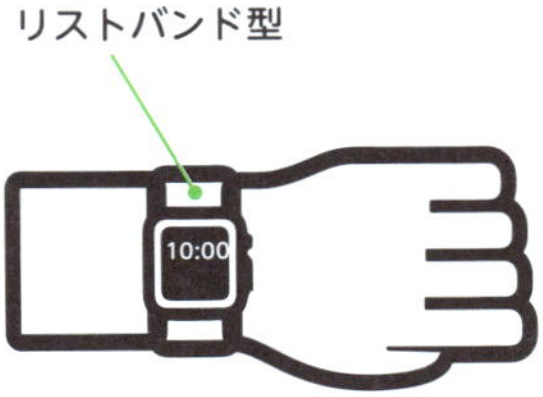

スマートグラス

ヘッドマウントディスプレイの一種
レンズの前にディスプレイが付いている

スマートウォッチ

健康データやメール、着信
通知機能など

身に付けて健康データや行動ログの記録などを行う端末のこと

ウェアラブル端末からインプラント型端末へ

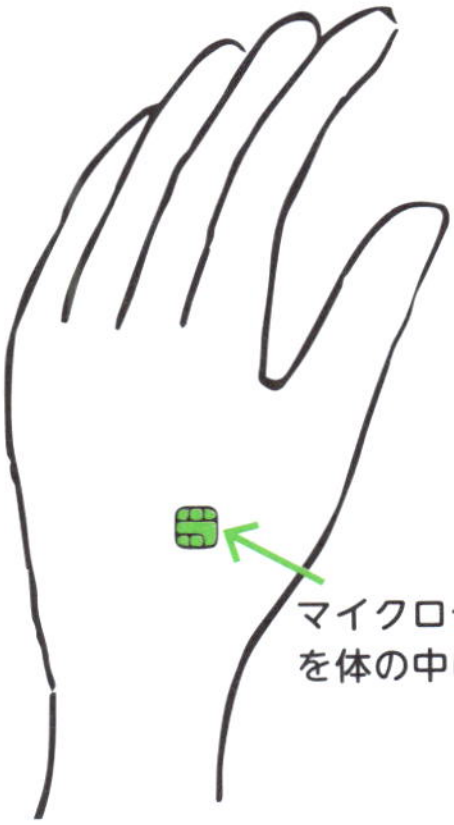

マイクロチップ型端末など
を体の中に埋め込む

インプラント型端末

身体に埋め込む端末のこと

**健康データの取得、
カードキーの代わりなど**

スマートフォンのARで新しい現実を体験

ARとGPSが現実と仮想を融合させる

2009年スマートフォンが登場して以来、所有台数拡大とともに多くのアプリが開発されてきました。なかでもゲームアプリの数は多く、**AR（拡張現実）技術**の導入など新しい試みもされてきました。

同年「セカイカメラ」というARを使ったアプリがいち早くリリースされ話題となります。何もない空間にカメラを向けると、空中にタグ付けされたお店などの情報が看板（エアタグ）が浮き上がるしくみでした。初めての場所に行きアプリを起動するだけで、誰かがタグ付けした情報が読める画期的なユーザー体験を提供し、人気となっています。

次のターニングポイントとなったのは、2013年にリリースされた**ARに自分がいる場所のGPS（全地球測位システム）情報を融合**させた「イングレス」です。現実世界と同じ道、同じ場所を映し出したフィールドで「陣取りゲーム」が展開することで、その場所にいかないとゲームが進まない新しい体験を提供したのです。

開発したのは、元々グーグルの社内スタートアップだったナイアンティック。2016年には同テクノロジーを使った「ポケモンGO」をリリースし、さらなる社会現象を巻き起こしています。今後もARとGPSを融合させたゲームは、開発が進み新しい体験を提供してくれるはずです。

アップルは、世界中に数億台とされるアイフォンやマックなどの端末向けのAR技術を開発し続け、近年ではヘッドセットの開発も噂され期待が高まっています。観光分野ではARが積極的に活用され、観光地にタグ付けした情報をアプリで取得し、文字や動画コンテンツまで誘導しています。

AR+GPSゲームのしくみ

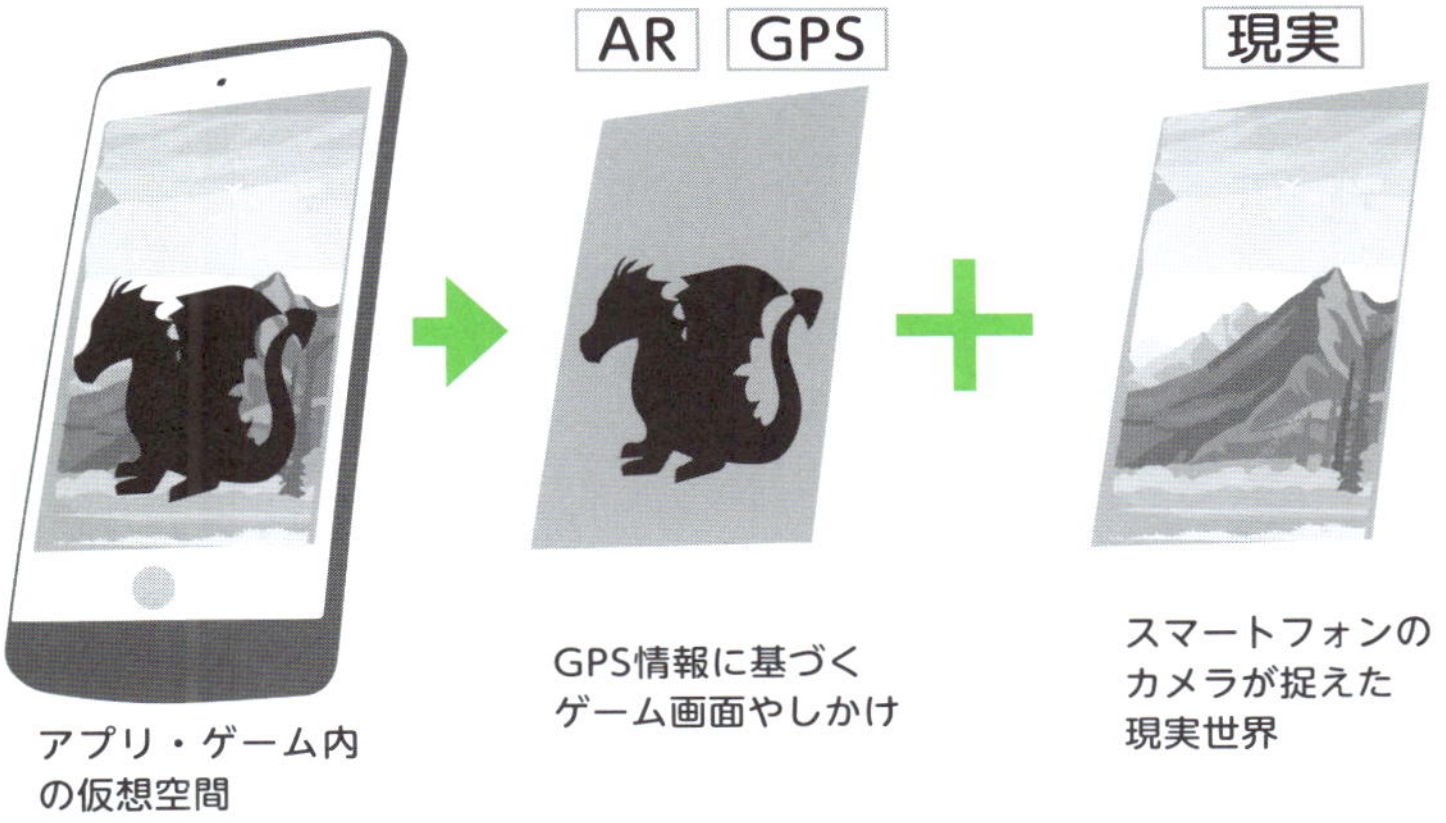

仮想空間と現実世界を重ねて表示する

観光地におけるARの活用

観光地の風景や建物を撮影すると情報が取れる
ポスターや看板はARだけでなく、
QRコード読み込みタイプも使われている

電気自動車のメリットとテクノロジー

ＥＶが自動車業界を大きく変える

地球規模の温暖化や異常気象などにより環境への関心が高まる中、風当たりが強いのが自動車業界です。排出ガス規制も厳しい上、オランダでは２０２５年、スウェーデンでは２０３０年、イギリス、フランス、ドイツでは２０４０年までにガソリン車などの新車販売が禁止に。そこで世界中の自動車メーカーは、ガソリン車から環境に優しい**電気自動車（ＥＶ）**へのシフトを急ピッチで進めています。

では、ＥＶシフトが起こると自動車産業はどのようになるのでしょうか。

ガソリン車はエンジンでガソリンを燃焼して、走行するのに対し、ＥＶに必要なのはバッテリーとモーター（電動機）です。最も大きな違いは、ＥＶは「エンジンが不要」ということです。これにより、点火装置、吸排気装置といった使用部品が激減し、それまでメーカーの下請けの中小部品メーカーは淘汰《とうた》され、完成車メーカーを頂点としたピラミッド型の産業構造は崩壊、車体価格も下がることが予想されています。

次に電子部品を中心とした構成に変わり、汎用部品で組み立て可能となるため、異業種企業が自動車業界に参入、競争が激化することです。自動運転やＡＩなどＩＴ系テクノロジーも搭載されるため、ついていけないメーカーは消えていくでしょう。ＥＶの短所であるバッテリーや充電時間の問題に関しても、高容量かつ短時間でフル充電可能な「**全固体電池**」が実用化されれば解消されるため、国内自動車メーカーも開発に取り組んでいます。

自動車業界が「１００年に一度の大変革」をどのように乗り越えていくか、注目が集まっています。

ガソリン車とEV（電気自動車）の違い

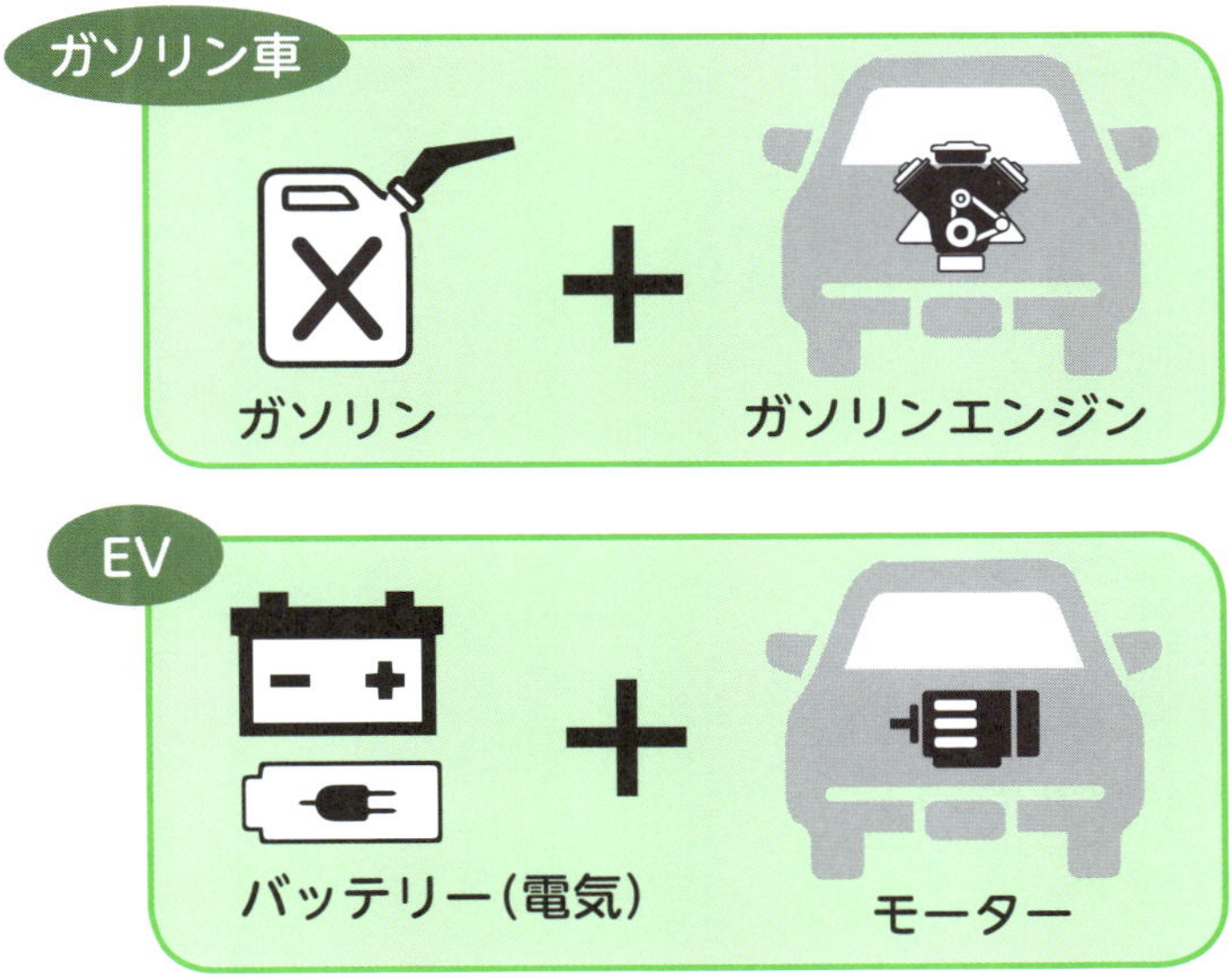

EVシフトで変わる産業構造

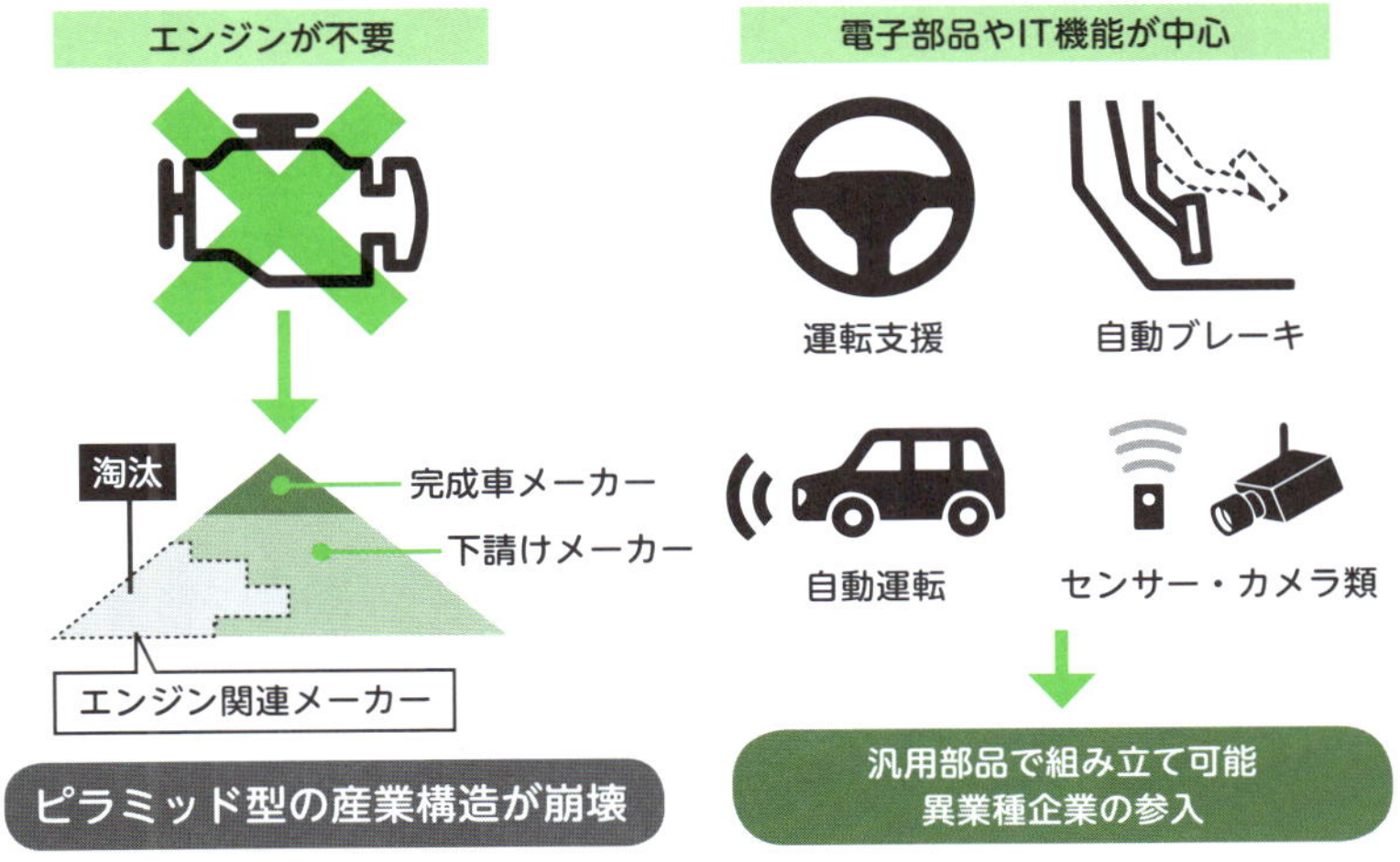

未来の衣服は高機能な化学繊維が中心になる

繊維の機能を十分に活かすとデザインも変わる？

私たちの生活で必要な衣服の分野では、機能とデザインが従来と比べて大きく進歩しています。

衣服は織物や編み物であり、細かく見ていくと繊維の組み合わせでできています。この繊維には**羊毛や綿など動物や植物からとれる天然繊維、石油やタンパク質、パルプなどからつくられた化学繊維**の2種類があり、原料やつくり方によって合成繊維、半合成繊維、再生繊維などに分かれています。

中でも、技術革新と生産量の増大が著しいのは化学繊維です。特にポリエステルやナイロンなどの繊維に特殊な機能を加えた「**高機能繊維**」はそのよい例といえるでしょう。繊維自体に伸縮性を備えた**ストレッチ繊維**、汗で暖かくなる**吸湿発熱繊維**、汗を素早く吸収して乾かしてくれる**吸汗速乾繊維**、汗や汚れによって繁殖する菌を抑える**抗菌防臭繊維**などがあり、**吸湿発熱繊維**はユニクロが「ヒートテック」として発売して大ヒットしました。

化学繊維は、原料の安定供給による大量生産が可能で、防水や保温などの加工、色や形も豊富でリサイクルもしやすいといった特徴があります。特に防風やストレッチといった機能に応じた衣服をつくることができるのも強みといえます。

例えば、繊維の糸の内部を空洞にして空気をため込むことで、温かさと軽さを実現したり、素材だけでなく編み方を工夫して通気性を低減することも可能です。ほかにも、**防弾チョッキや消防服に採用されているスーパー繊維**などもあり、これからもさまざまな用途に応じた高機能の衣服が続々と登場し、身体にピッタリフィットするデザインの服が多くなるかもしれません。

繊維の種類
天然繊維
羊毛
綿
化学繊維
OIL
石油
合成繊維
（ポリエステル、ナイロンなど）
セルロース
＋
化学薬品
半合成繊維
（アセテートなど）
さまざまな機能を持つ化学繊維の衣服
防風
吸汗速乾
保温
繊維の中央が
空洞
暖かい空気を
ため込むことが
できる
ストレッチ性

人材を人財へ変えていくＨＲテック①

ＡＩが面接する時代が始まっている

生活を変えるテクノロジーの1つに**ＨＲテック(Human Resources×Technologyの造語)**があります。膨大な作業量に追われる**大企業の人事部門が抱える課題を解決し、本来の人材育成・企業戦略にシフトしていくこと**が目的です。大企業の話ではなく、働き方改革の潮流に合わせ、働く人たちのスタイルを変える可能性を秘めた分野ともいえます。

中でも**採用面接は、ＩＴとＡＩの導入が急速に進んでいます。**面接には、**動画面接とＡＩが直接面接する2つの流れ**があり、動画面接ではグーグルハングアウトやスカイプを使ったリアルタイム面接を行うタイプと、想定された質問に回答した動画を録画して送るタイプがあります。スマートフォンの普及でＩＴ格差なくエントリーできる環境も導入の後押しとなっています。２０１８年には、大企業を中心にＡＩ面接ソリューションが導入されました。これは書類選考や一次面接をＡＩが行うものです。

判断材料となるのは、過去の書類選考・筆記試験・面接の合否判定基準、その後の就労傾向などをデータベース化し**ＡＩは優劣ではなくマッチングという観点で判断していきます。**例えば、文章で論理的な展開ができているか、専門用語が正しく使われているかなどは、判断材料となります。これにより無駄な面接を減らすことが期待されています。

今は一括新卒採用に導入されていますが、今後、大企業だけでなく、中小企業にも導入されていけば企業側の求人機会、従業員の転職機会が増え人材の流動化が進むと考えられます。そうすれば、これまで以上に自分にあった働き方を見つけられるようになっていくでしょう。

HRテックの目的

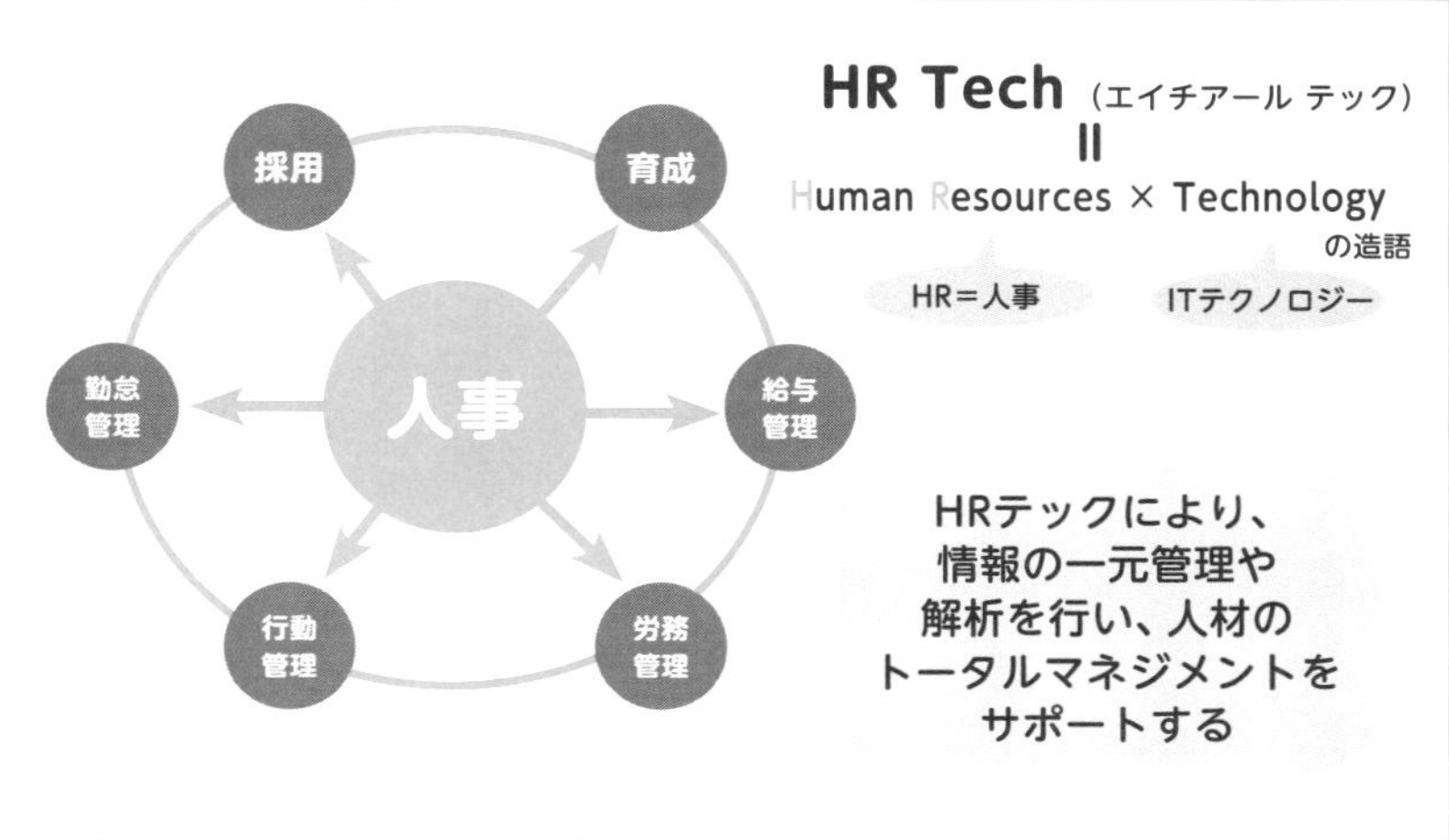

AI面接のしくみ

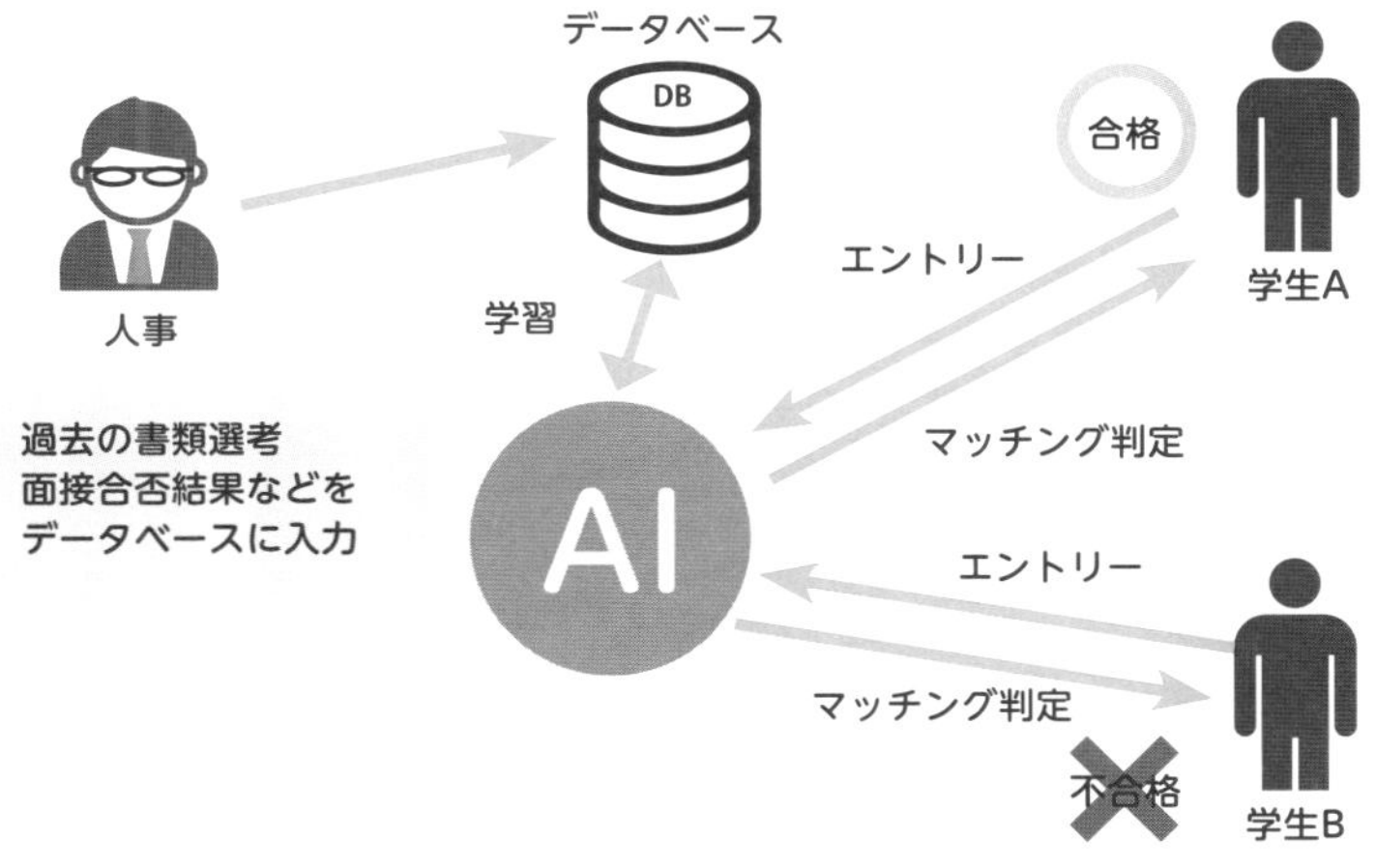

AIが答えを出す基準例

- 過去採用した人の書類内容
- 過去採用した人の筆記試験結果
- 面接で採用した人の素養
- 就労後の活躍（先輩社員の傾向）など

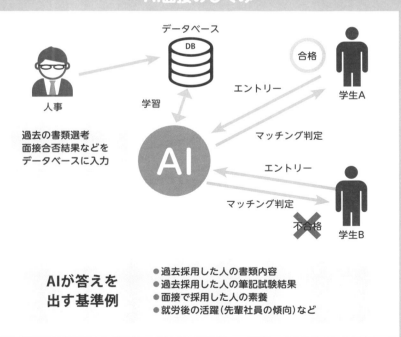

人材を人財へ変えていくHRテック②

人事の仕事が変われば働き方が変わる？

HRテックの本流は、**企業の人事改革**になります。人事の仕事とは、人材の採用から始まり、育成＆評価、人材の配置など多岐に渡ります。

面接1つとっても望む人材などの求人条件設定や新卒・転職者の個別面接設定。評価後、二次面接設定……。これらは、個人情報の収集・管理から始まり、個別連絡、採用通知書の発送など作業量と扱う情報量は膨大なものになります。この多くの課題をITとAIを使って解決するサービスです。

基本的なしくみとしては、まず人事担当者が管理する情報（採用・評価・勤怠など）をサーバーに入力・蓄積していきます。UI（ユーザーインターフェース）は、ブラウザを使うのでパソコンの知識が少ない人たちでも扱えることも特徴です。

次にデータを一元管理するアプリケーションに渡され、データベース化していきます。次にAIによる分析・解析を行い、人事が必要とするデータを瞬時にアウトプットしていくソリューションです。

これらは従業員の管理だけでなく評価の面で期待されています。人が人を評価すると雑念が入りますが、AIの解析結果は平等になるからです。

米国では、2000年頃から注目され、現在多くの企業で採用や人材管理ソリューションが導入されています。しかし、終身雇用前提だった日本では、10年ほど導入が遅れています。**AIによる評価**が実現していけば、部署や上司に左右されることなく、**個人の能力や成果が正当に評価**され、企業に対する不満も減ると考えられています。その結果、個々の人材としての価値も高まり、転職など流動的な働き方が活発になっていくことが期待されています。

HRテックのソリューションとは

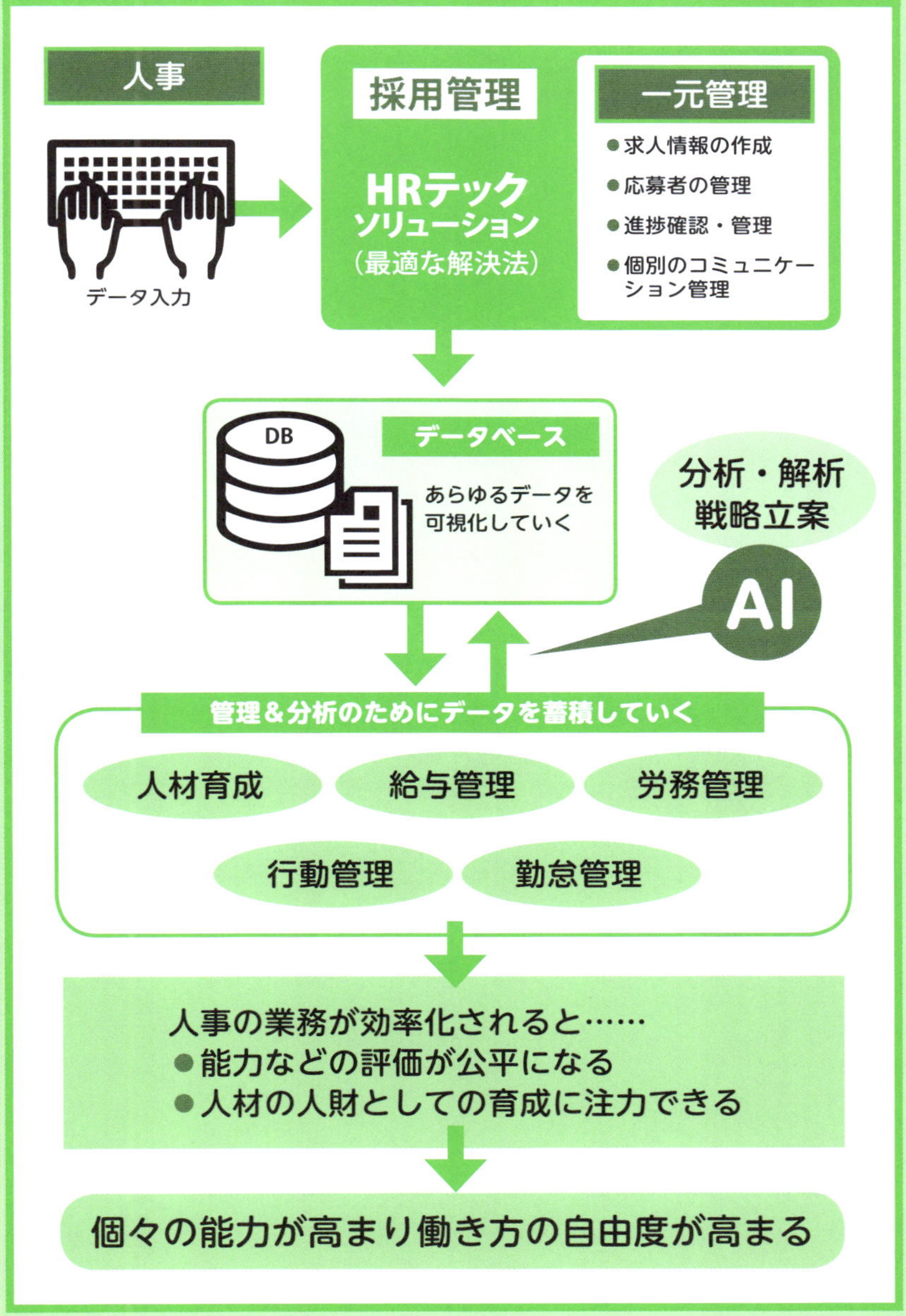
人事
データ入力
採用管理
HRテック
ソリューション
（最適な解決法）
一元管理
●求人情報の作成
●応募者の管理
●進捗確認・管理
●個別のコミュニケーション管理
DB
データベース
あらゆるデータを可視化していく
分析・解析
戦略立案
AI
管理＆分析のためにデータを蓄積していく
人材育成
給与管理
労務管理
行動管理
勤怠管理
人事の業務が効率化されると……
●能力などの評価が公平になる
●人材の人財としての育成に注力できる
個々の能力が高まり働き方の自由度が高まる

お金の概念を変える仮想通貨①

仮想通貨の歴史とその背景

フィンテック（金融×テクノロジー）分野で、私たちの生活を変える可能性を持つのが**仮想通貨**です。仮想通貨は、**硬貨や紙幣がないバーチャルな通貨で、暗号化された情報を交換することで取引を成立させます。**その特性上、暗号通貨とも呼ばれています。

ネットワークゲーム内の限定されたコミュニティで、例えば1データ＝10円などと取り決め、個人間でやり取りする＝仮想の通貨でした。これは現実世界では、使えないものです。

ところが、2008年にサトシ・ナカモト氏（本名や国籍は不明）が発表した論文に書かれた**ブロックチェーン技術**（次項参照）を使えば、1つ1つのデータの固まりを強固に暗号化し、安全にやりとりできるという認識が広まりました。そして2009年に、仮想通貨を扱えるソフトウェアが提供され、ビットコインなどの運用が開始されました。2010年に米国のプログラマーが、ピザを2枚購入した取引がビットコインが使われた最初とされています。

国が正式に発効する通貨ではないため、信頼性に難ありといわれますが、技術の高さや使い勝手の良さなどから2012年には欧州中央銀行、2013年には米国財務省金融犯罪取締ネットワークが通貨として承認しました。日本では、2016年頃から認知されはじめ、**2017年改正資金決済法（仮想通貨法）で価値があるものとして認められました。**なぜ仮想通貨が期待されるのか。それには**高度な暗号化技術によるセキュリティの確保**、ネットワーク上で手軽に扱えること。そして、**国や銀行などに依存しない通貨**であることが挙げられます。次項から仮想通貨を支えるテクノロジーを見ていきましょう。

仮想通貨のはじまりと発展

2008年	●サトシ・ナカモト氏が仮想通貨に関する論文を発表 ※本名かどうか、日本人かどうかも確認されていない
2009年	●仮想通貨ビットコインを扱うソフトウェアが提供されたことで運用がスタート
2010年	●アメリカでプログラマーが1万ビットコインでピザを2枚購入したのが最初の取引とされている
2017年	●国内で改正資金決済法（仮想通貨法）が施行。 ●家電量販店大手のビックカメラが、レジやネットにビットコインでの決済を導入
2018年	●1ビットコインは、日本円で約70〜80万円にまで上昇している
2022年	●1ビットコインは、今や日本円で400万円台後半にまで上昇している

これまでの通貨と異なる点

通常の通貨

国や銀行が発行して管理・記録していた

仮想通貨

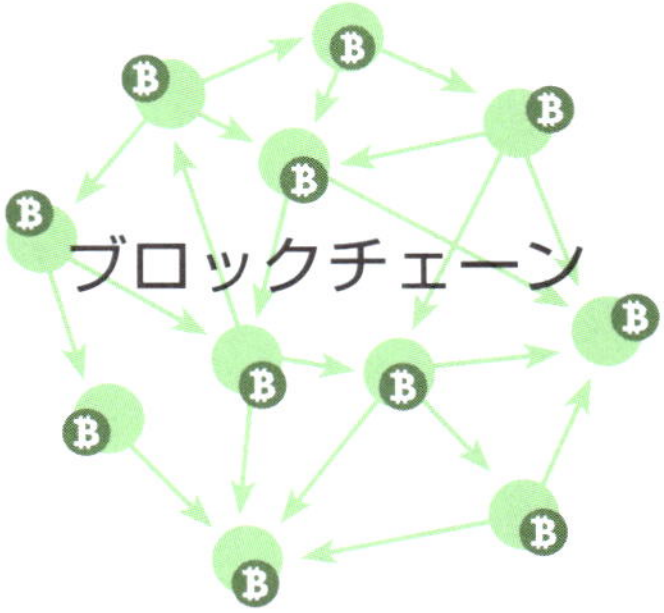

インターネット上の第三者が承認を通知し合う

みんながデータ分散（ブロックチェーン）して管理・記録する

お金の概念を変える仮想通貨②

ブロックチェーン・テクノロジーとは？

仮想通貨は、**ブロックチェーン（分散型台帳）**というテクノロジーで成立しています。これは**取引情報などを分散させて管理する技術**です。

取引情報を入力するとデータが1つのブロックとして生成されます。このブロックには、取引情報のほか**複雑なアルゴリズムで生成された「ハッシュ値」というデータと、値を求めた計算結果のパラメータである「ナンス」が付加**されます。

それぞれのブロックは分散してネットワーク上に存在し、ネットワーク共有技術の**ピア・トゥ・ピアでつながっています。**このネットワーク上には、1つめのブロックを生成した人とその内容を見られる人たちが存在し、ネットワーク上の参加者が承認すると、2つめのブロックを生成することができます。これらの工程を繰り返し、つながっていくことからブロックチェーンと呼ばれています。

セキュリティ面も強固で、もし10個つながっているブロックの3つめを悪意を持って改ざんしようと試みた場合、後ろに続く7つのハッシュ値すべてを変更することになります。しかし、ハッシュ値は複雑なアルゴリズムを使って暗号化されるため、改ざんするのは技術的にほぼ不可能といわれています。

この流れに沿って2017年以降大手から中小企業までもが、新型ブロックチェーン開発に乗り出し、新規参入も続いています。

さらに金融業界だけでなく、さまざまな分野への応用が検討されています。例えば、医療分野ではカルテなどの診察情報や、大学などでの研究成果の共有と管理。製造業では部品から組み立てまでのサプライチェーン管理などにも期待が集まっています。

ブロックチェーンのしくみ

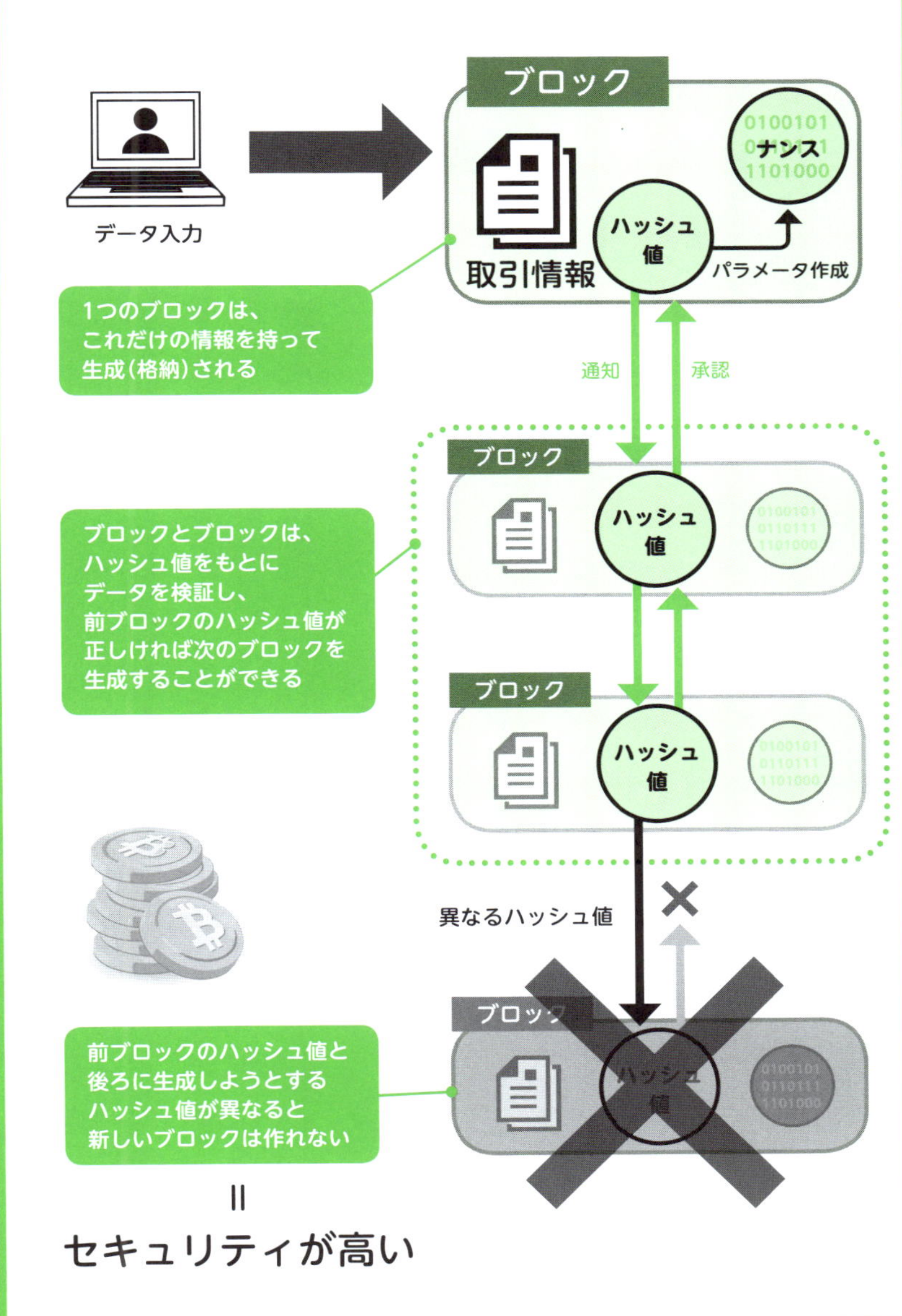

お金の概念を変える仮想通貨③

仮想通貨は決済用か投資用か

次に私たちが一番身近に接する仮想通貨を決済に使用するときのしくみを見ていきましょう。

まず**所有（購入）するには、国内にある仮想通貨取引所で、口座を開設する必要があります。**証券取引所などと同じ役割を持っています。ここでは実在しない**仮想通貨を円などの通貨と交換（購入）**したり、仮想通貨を売買することができます。

購入した仮想通貨は、取引所で管理できますが、個人で保有するには、仮想通貨取引所で提供されているパソコンやスマートフォンで使える**ウォレット**というアプリで管理します。

実際に店頭レジなどで利用するときは、クレジットカードや電子マネーと同じ使い勝手の決済システムが導入されています。例えばモバイルウォレット決済では、**店舗端末で生成されたＱＲコードをアプリで読み込みます。**ネットショッピングでは、複数の手法がありますが基本的にはウォレットから送金先を入力する形となります。国内の小売店への導入は、これからの課題となっていますが、クレジットカード決済より端末導入コストと、小売店などの手数料が1％と安いため普及が期待されています。

一方、ビットコインが購入したときよりも価値が数百倍に跳ね上がったことから**投資目的で保有する人たちも増えはじめています。**

ただし、国も企業も介入していないため、仮想通貨の価値がいつどう変化するのか明確な予測は難しく、ハイリスクな問題も残ります。今後、仮想通貨が日常のように流通すれば、既存の金融機関からの送金だけではなく、個人間のやりとりで済むため、経済への活性化も期待されています。

ビットコインを購入する方法

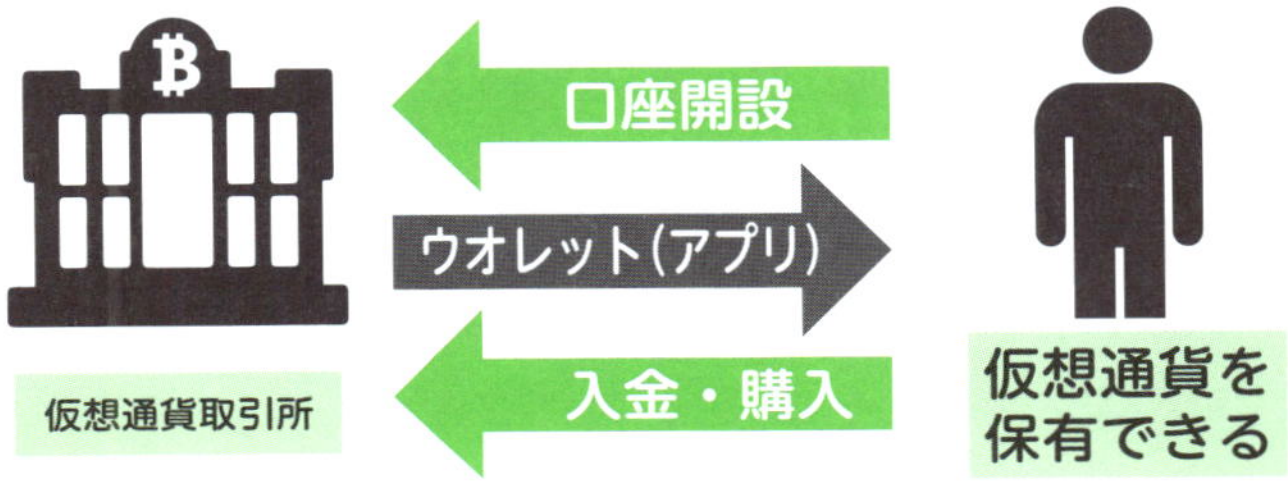

ビットコインで決済する方法

ネットショッピングの場合

自分のウォレット(送金元)と相手のウォレット(送金先)を指定し金額を入力して決済

店頭レジの場合

スマートフォンアプリで店頭端末に表示されたQRコードを読み取り決済

個人と個人 → 個人間でもお互いの仮想通貨取引所を介してウォレットを指定することで、送金することができる

Column

あらゆる端末がつながる危険性

これまでインターネットにアクセスするには、パソコンやスマートフォンを使っていました。あくまでも「つなげる」という意識を持った行動です。しかし、IoTですべての端末がつながる生活になるとどうでしょうか。

今後は、インターネット接続前提で開発された製品だけでなく生活家電（冷蔵庫・洗濯機・クーラー・テレビなど）、家のカギまでもがインターネットに接続できるようになっていきます。さらにスマートフォンのほか、アマゾンやグーグルが販売しているスマートスピーカーで簡単に操作できるようになれば、無意識の行動へと昇華されるはずです。

生活は一変、とても便利になる未来図が想像できますが、同時にネットワークのセキュリティという問題も浮上してきています。

「つなげる」もしくは「つながっている」意識なく使用していると、悪意のあるハッカーに家のネットワークに侵入され、家電が一切使えなくなったり、蓄積した個人情報を盗まれる可能性も少なからずあります。

ただ個人レベルで防ぐのは厳しく、製品開発会社、ソフトウェア開発会社などが相互にセキュリティを強固にしていくことが急務といえます。あとは自分たちも、インターネットに「つながっている」という意識を強く持つことも今後の課題になるでしょう。

第4章

テクノロジーの行方と問題点、未来

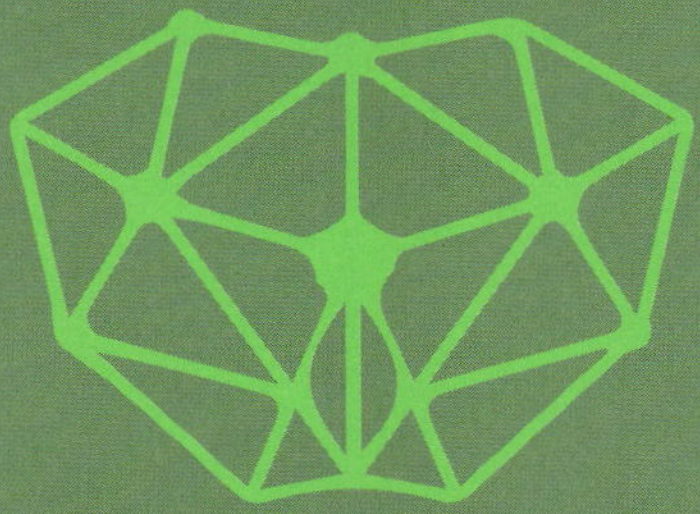

自我を持ったAIロボットをつくれるか?

AIは人間に脅威を与えることはないのか

AIは、人間よりも圧倒的に優れた高精度な計算力、処理速度、情報保存量などを有しています。ともすると「AIならば何でもできるのではないか」と錯覚するほどですが、実際には人工知能にもできることとできないことがあるのです。それは、**「強いAI」「弱いAI」**という言葉に象徴されています。

「強いAI」とは、AIの黎明期に開発者たちが目指した、すべてにおいて人間よりも優れているAIのことを指します。イメージとしては、鉄腕アトムやドラえもん、『2001年宇宙の旅』のHAL9000といった、マンガやアニメ、SF映画などに登場するロボットやAIが近いでしょう。

結果的に強いAIをつくる試みは上手くいかず、特定の分野に特化したAIの研究にシフトしていったのは、これまで見てきた通りです。こうしたAIのことを「弱いAI」といいます。人間のプロに勝利して衝撃を与えたディープ・ブルーやアルファ碁ですら、万能のAIではないのです。

それでは強いAIの研究はなくなったのかというと、そうではありません。研究者たちは**人間の脳のしくみを研究し、それをコンピューターの思考モデルに応用、さらには人間の脳全体をモデル化できないか研究しています。**

近い将来、人間の脳のしくみを模した強い人工知能が登場することも夢ではないでしょう。そうなると、問題になるのは自我を持った人工知能が登場するのか、ということです。

人間のように振る舞って見えるのと、実際に自我があるのかは別問題ですが、現段階では登場するか否かはどちらともいえない、というのが実情です。

強いAIと弱いAI

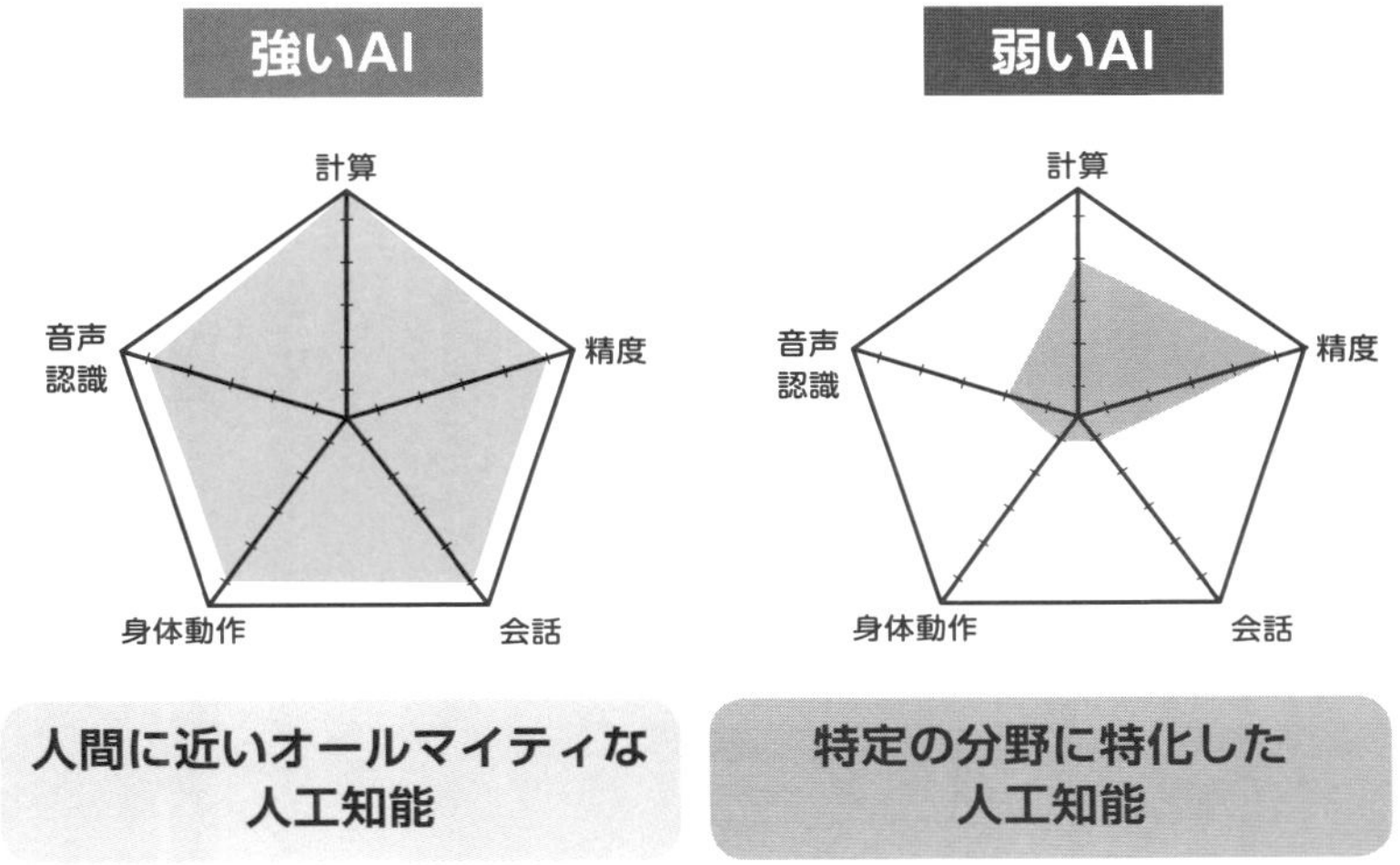

人間に近いオールマイティな人工知能

※注：強いAI、弱いAIという用語は本来「強いAI＝AIが人間と同じように思考しているとAIを捉える立場」「弱いAI＝AIは人間の思考の真似事をしているだけという哲学的立場」という意味で用いられていましたが、現在では本文に記述してある内容に変化しました。

人工知能は自我を持つか？

自我があるように振る舞っていても、人工知能が本当に自我を持っているとは限らない

AIと人間が共存する未来

AIがデジタル空間を離れるとどうなるか

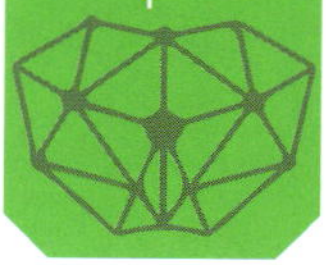

AIは、ここ20年ほどで大きな進歩を遂げました。中でも、1980年代のAIには搭載されていなかった高性能コンピューター、インターネット、コンピューターの活動の幅を広げるためのセンサー類の発展は著しく、これらが組み合わされることで成り立っています。

ふだん私たちはパソコンやスマートフォンでインターネットに接続し、検索やゲームアプリなどを使用します。このとき、データセンターやサーバー群へのアクセスが生じ、さまざまな情報(データログ)が残ります。検索ワード、商品の購入履歴、ゲームアプリにログインなど……。毎日、大量に蓄積されるビッグデータは、AIにとって大きな糧《かて》です。

AIは、このようなインターネットのデジタル空間でこそ、大きな威力を発揮します。ブラウザで検索をかけると、一瞬で的確なウェブサイトがリストアップされるのも、AIの賜物といえるでしょう。インターネット上を飛び交うデータ量が飛躍的に増大し、AIの役割はますます重要なものとなっていくでしょう。

しかし、**デジタル空間から離れると、AIはまだまだ臨機応変に対応できません。**例えば、お掃除ロボットはあらかじめ家の中を片付けておかないと上手く掃除してくれません。**ロボットやAIは限られたフレームの中でしか活躍できない**ため、人間がある程度フレームの条件に近い状態をつくり出してあげる必要があるのです。

そのため、しばらくの間は人間がフレームをきちんと設定し、その中でAIやロボットを活動させるという状態が続くでしょう。

デジタル空間で威力を発揮するAI

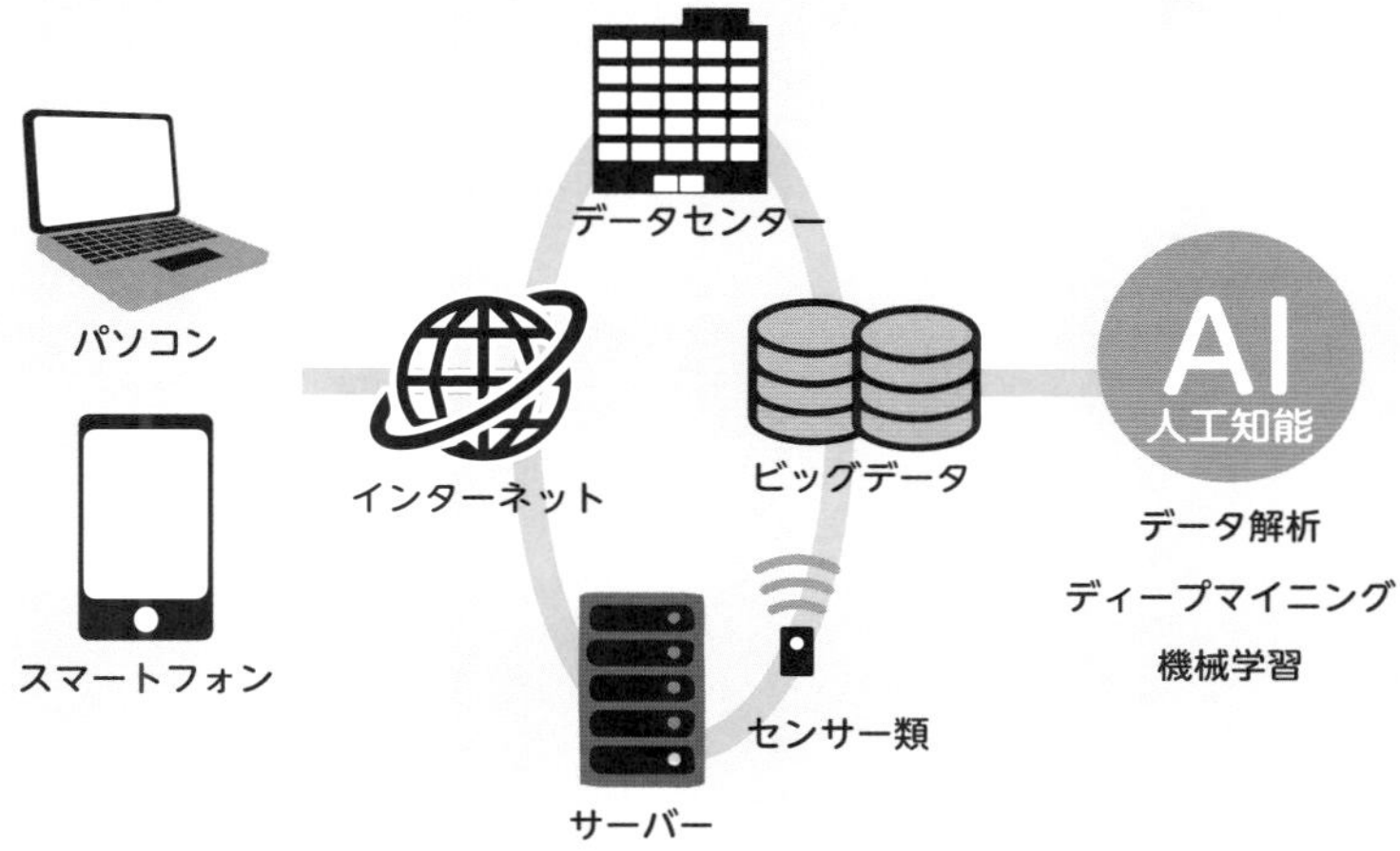

フレームの中でのみ威力を発揮するAI

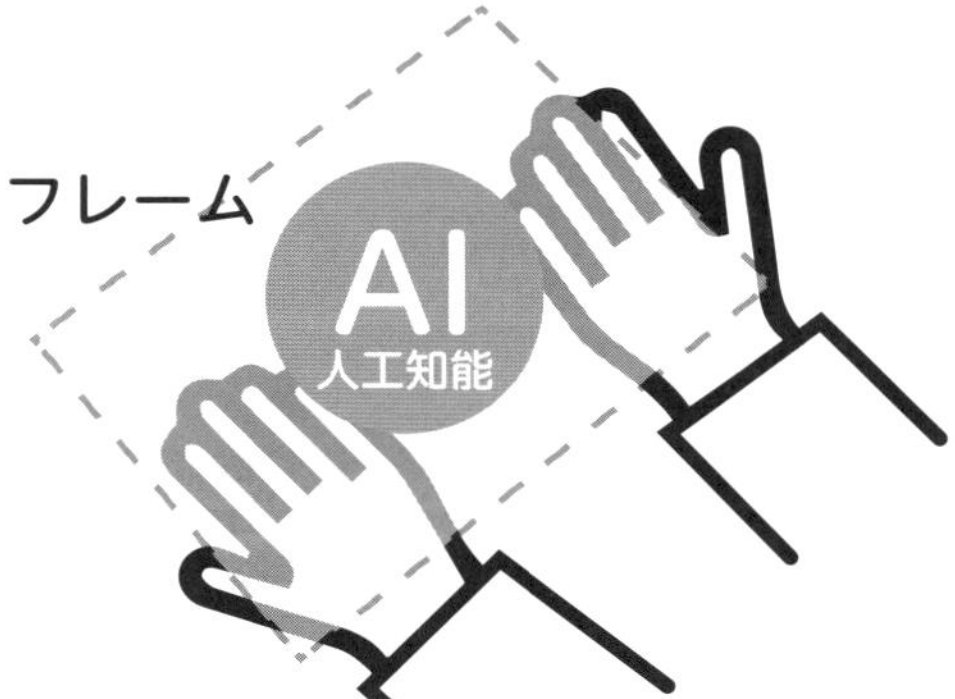

しばらくは人間の手できちんと設定したフレームで
AIを動かしていく必要がある

臨界点「シンギュラリティ」でどう変わる？

2045年に予測されている劇的変化とは

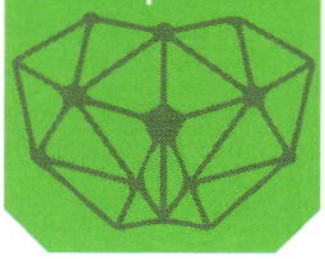

ＡＩでよく話題になるのが、**「シンギュラリティ」**です。これは「**技術的特異点**」と訳され、人間と同程度になったＡＩがそこから急速に進化していく転換点という意味があります。ただ単純に人間を追い越す時点というよりも、むしろ人間と融合しつつ歩を進めていく可能性があるのです。

この言葉は、機械が人間や社会に大変革をもたらすのではないか、という茫漠とした考え方から１９８０年代には既に使われており、これを**著書の中で再定義したのが米国の発明家レイ・カーツワイル**です。彼は、シンギュラリティを**「人間の知能と人工知能が融合する時点」と定義**しています。人間と同等のレベルに達したＡＩは、人間の行動や仕事などを代わりにこなす、もしくは人間と一緒に協力することで社会は変容していきます。

こうした動きは、ＡＩが私たち人間のあらゆる生活の場面に入り込んでくることで、互いに変質していくことを意味します。

そしてその時期は、カーツワイルによると**人類の知能をＡＩが超えるのは２０２９年、さらに２０４５年までには人間とＡＩが融合すると予言**しています。その形はＡＩやネットワークと脳が直接接続できて人類は新しい局面を迎えると考える人もいれば、**理論物理学者のスティーヴン・ホーキングのように人類が追い越されてしまうと強い危機感を抱く人**まで、反応はさまざまです。

シンギュラリティが実際に起こったとすると、ＡＩはまったく新しい方法で人類を進化させるかもしれません。しかし現段階では、何が起こるのかわからない、というのが実情です。

シンギュラリティとは？

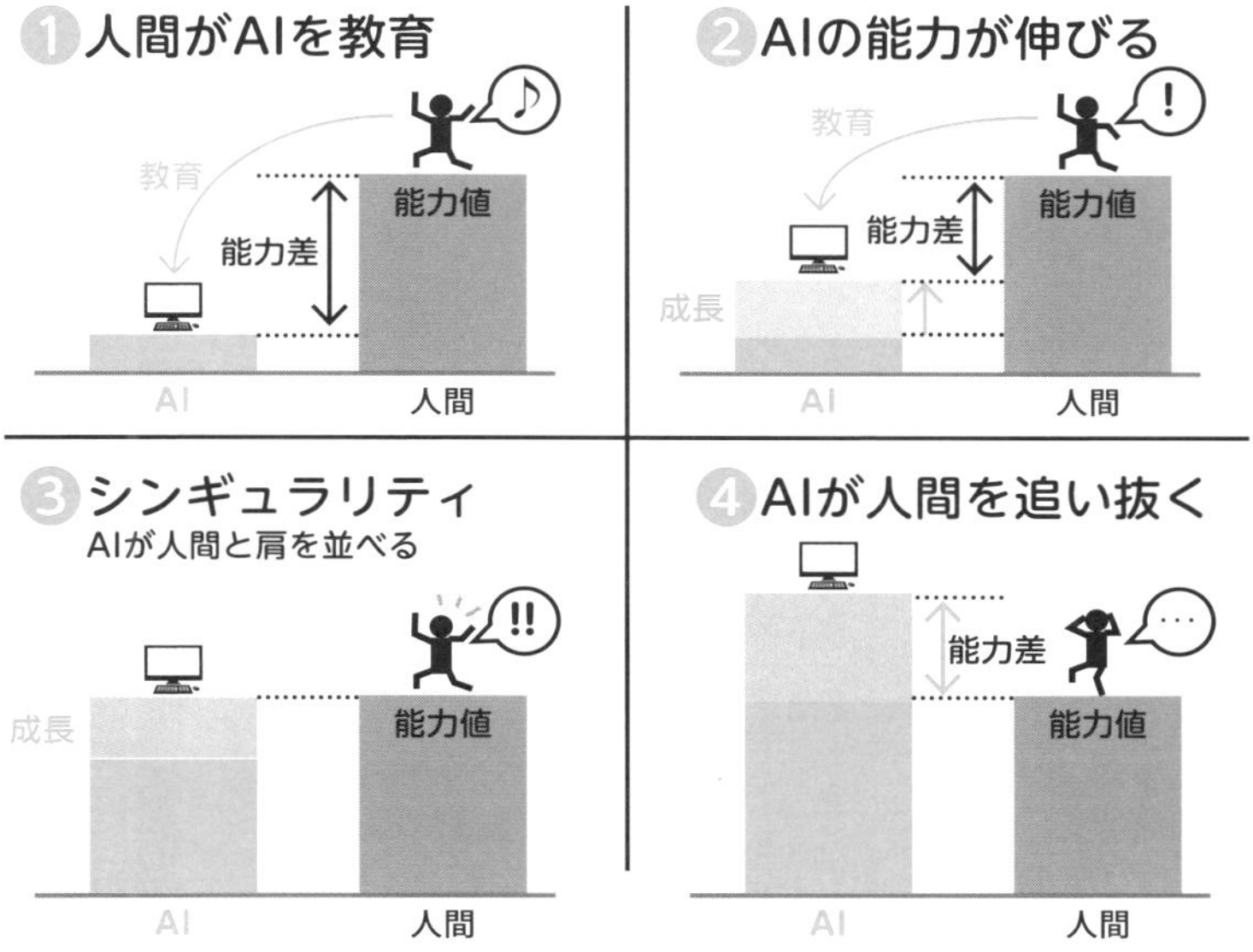

シンギュラリティが起こるとどうなるか

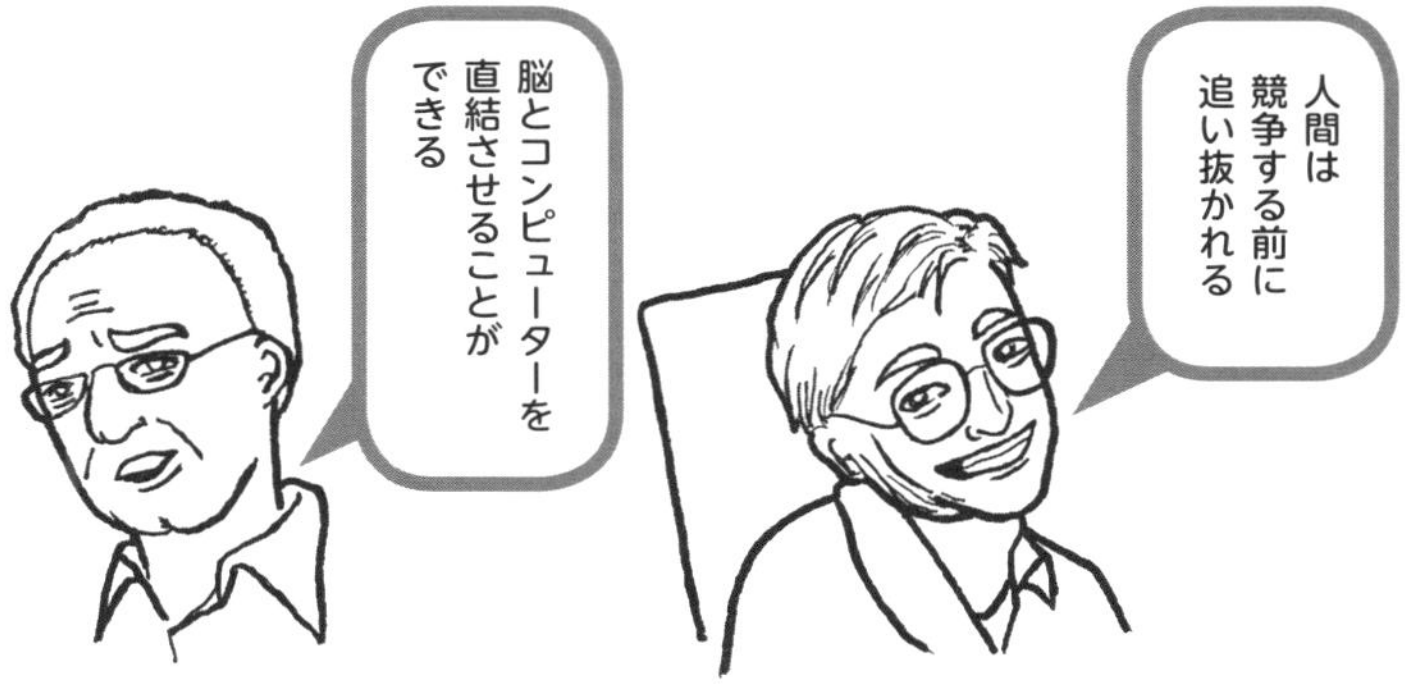

まったく新しい方法で人類を進化させる可能性がある

AIとテクノロジーにおける最終決定権の所在

何事においても最終判断は人間がする

AIは医療、自動車、金融とさまざまな分野に応用され着実に成果を出していますが、**判断を誤ったり、失敗したりすることはないのでしょうか？**

自動運転に関しては、原因や情報は違えど2021年までにテスラ社の自動運転車が2回、ウーバーテクノロジーズの自動運転車が1回死亡事故を起こしています。ともに米国でのテスト走行中の出来事で、いずれの車両にもドライバーが乗っていました。こうした自動運転や医療、介護など人の命を預かる分野では、AIの判断如何では死亡事故が発生する危険性が常につきまといます。

例えば、**AIが処方した薬を飲んだ患者が、その薬が原因で死亡したらその責任者は誰になるのでしょうか**。このケースでは、AIのシステムが抱える問題と、それを利用する人間の社会的な問題の2つが挙げられます。前者は、AIは結果の選択肢を指し示すだけで、結論に至るプロセスがブラックボックスになっていることです。後者は、死亡事故が発生したときは法律に照らし合わせて責任の所在等を考える必要がありますが、技術革新の進歩の速さに法律が追いついておらず、適切な判断ができないという問題があります。

そのため、AIを利用する際には、**最終判断は必ず人間が行う**ようになっています。薬の処方に関しては、医師が最終的にAIの選択肢を採用するか否かを判断するため、このケースでは医師の責任が問われることになります。

しかし、いずれはAIが人間の手を離れるときが来るでしょう。そのときには、AIが責任を取るようになっているかもしれません。

死亡事故が発生した自動運転

2016年	テスラ社	トレーラーと衝突(運転者死亡)
2018年	ウーバーテクノロジーズ	歩行者をはねる(歩行者死亡)

いずれも死亡事故に

最終判断を行うのは「人間」

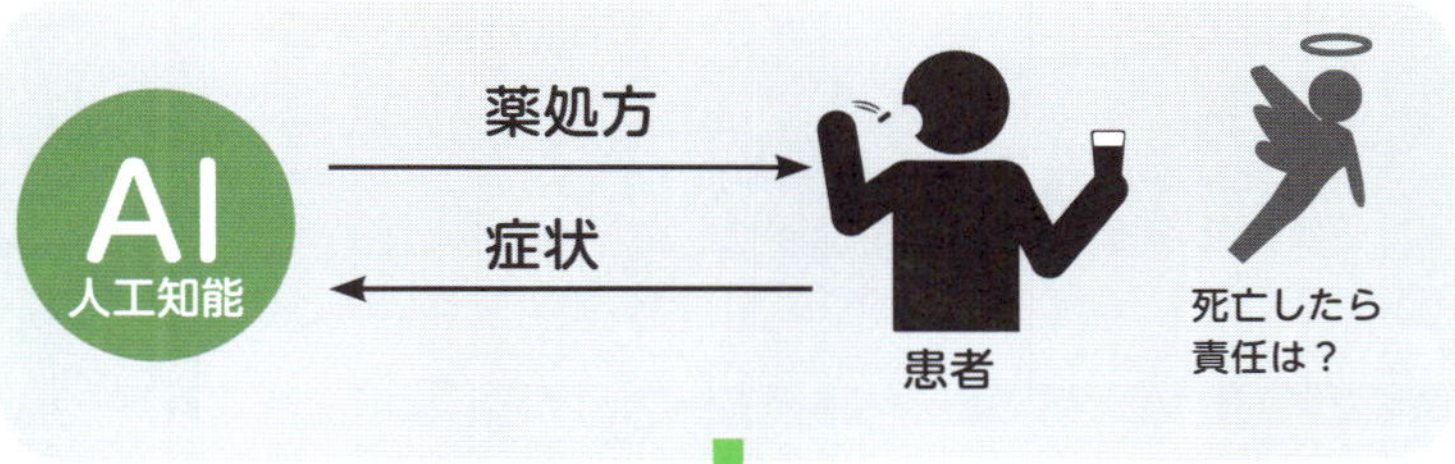

実際の判断は医師が行っている

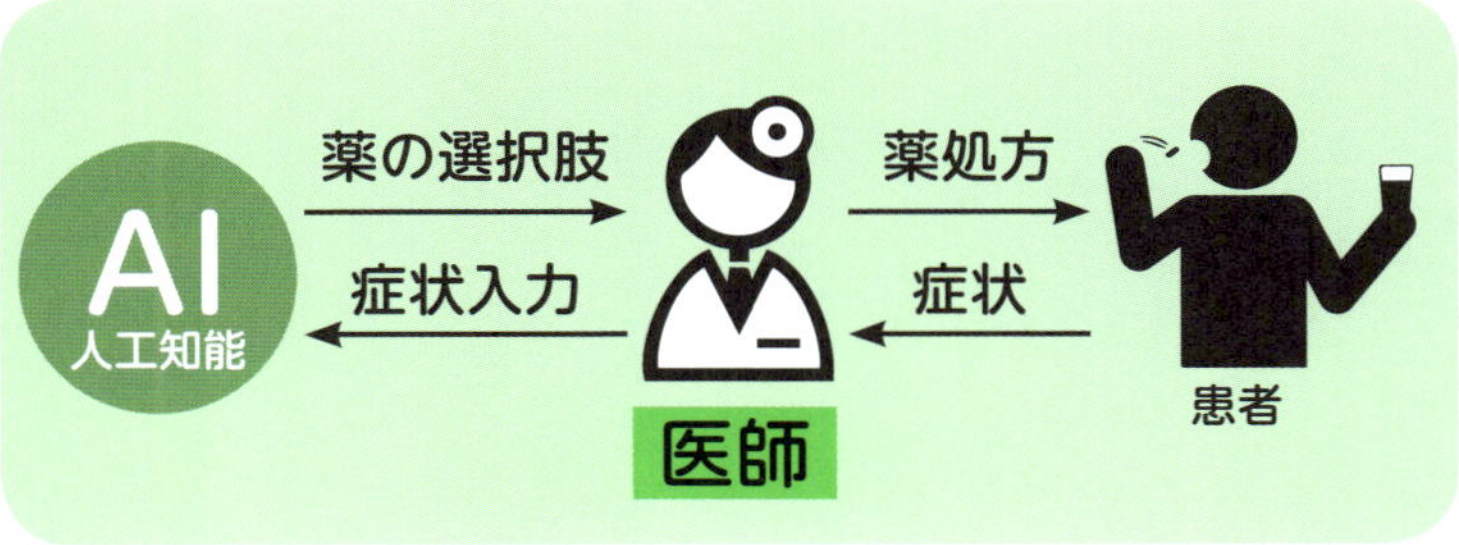

人工知能が選択した薬で患者が死亡した場合、その責任は処方の決定を下した「医師」にある

AIの創作物に著作権はあるのか？

AIをつくった人か、AIを使った人にあるのか？

AIは、医療やビジネスだけでなく、芸術の分野でも著しい成果を上げています。米国のマイクロソフト、大手金融機関ING、オランダのデルフト工科大学などの共同チームは、2016年に17世紀の画家レンブラントの画風を**顔認識やディープラーニングなどを駆使して分析、3Dプリンタで新作を描くことに成功**しました。レンブラントの作品346枚を**3Dスキャンにかけてピクセル単位で画像を解析**、絵画の主題、構図、服装の特徴などをディープラーニングで学習させました。AIが描いた絵は、「The Next Rembrandt」(https://www.nextrembrandt.com/)で閲覧できます。

このほかにも音楽やマンガ、小説などにAIを活用する動きが広がっています。そうなると、気になるのが「**AIの作品の権利は一体誰が持っているのだろうか？**」ということ。人工知能そのものなのか、それともAIの生みの親でしょうか。

結論から先に言ってしまうと、現段階ではAIが単独でつくった作品には著作権は認められていません。内閣府の知的財産戦略本部は「知的財産推進計画2017」の中で、作品を生み出す際に人間の手が加わっていないものはAIが自律的に生成した「AI創作物」と整理され、**現行の著作権法上は著作物と認められない**としています。これは、現行の著作権制度は「人間」による創作を前提にしているからです。AIは作品を休みなく創作することが可能で、将来的にはAIの作品だらけとなり、それらを保護すると作品を利用する自由が脅かされることになります。ただ、将来的には著作権法が改正され、内容が変わる可能性もあります。

芸術分野でも成果を上げるAI

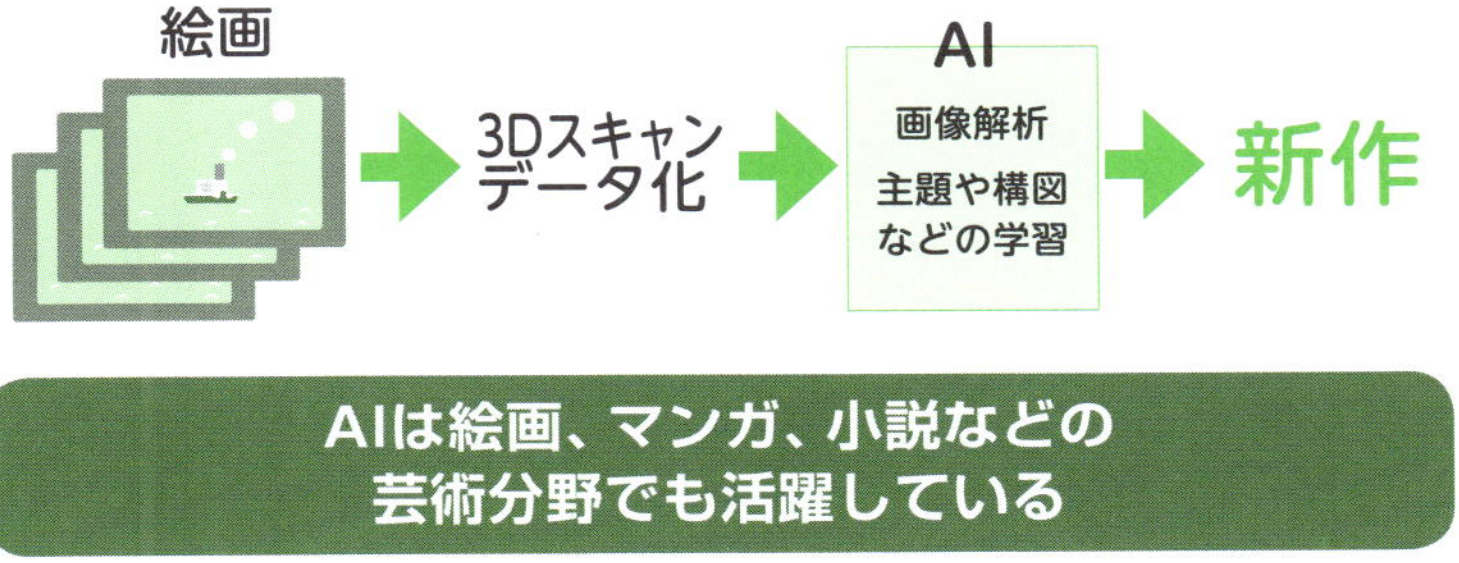

AIの作品に著作権はあるか？

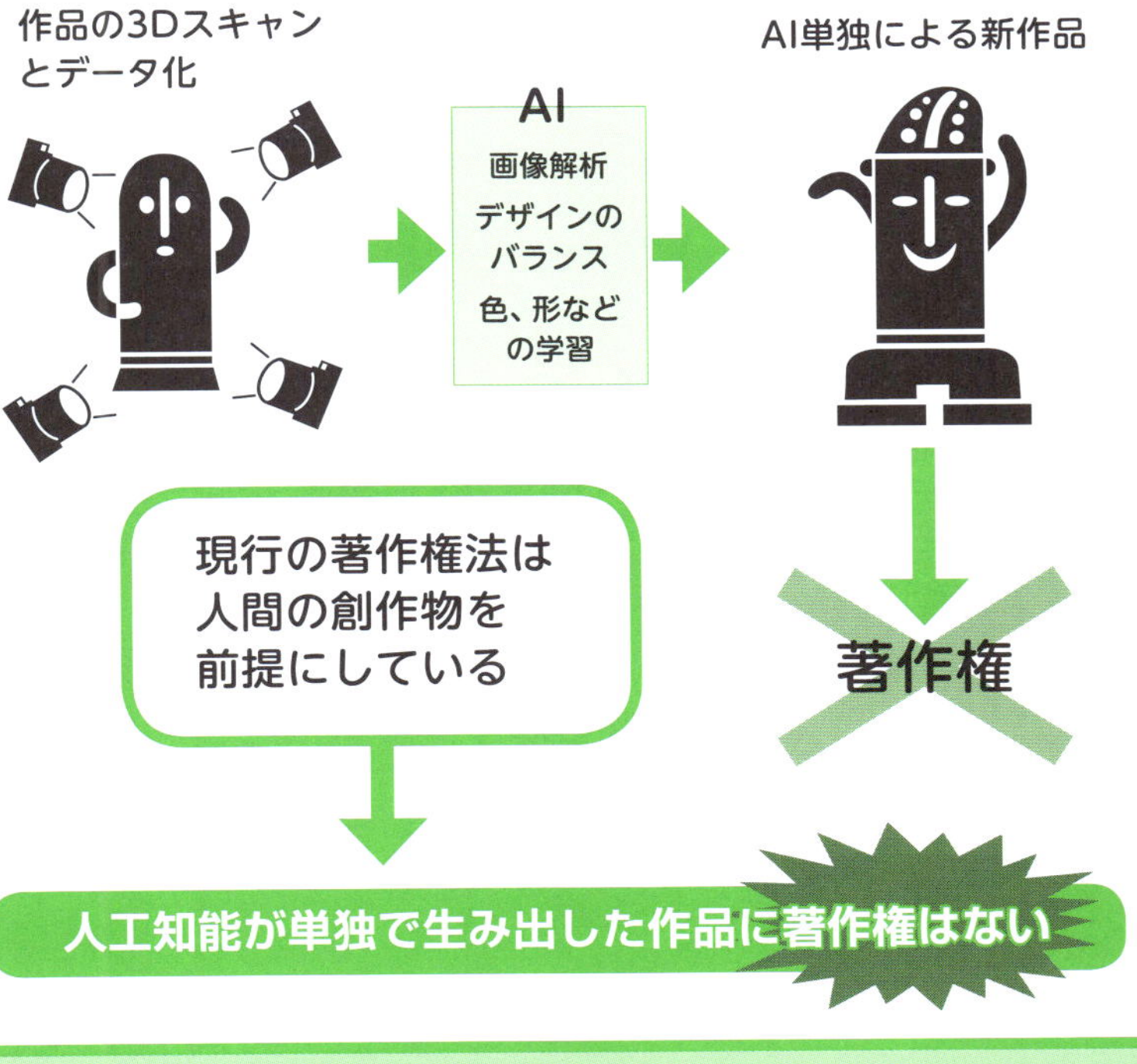

ビッグデータ収集は個人情報を守れるか

人の行動が監視・管理される危険性

企業は日々、膨大で複雑な**ビッグデータ**をインターネットなどからAIに収集・解析させ、ビジネスなどに活用しています。最近では**ビッグデータを市場で売買する業界団体が設立**されたり、私たちが個人情報に紐づけされたITデータを預託し、ほかの事業者などに情報提供する**「情報銀行」の制度が整いつつあったり**と、個人情報がこれまで以上に商品としての価値を持つようになってきました。そうなると、個人情報はどこまで守られるのでしょうか。

個人情報保護に関しては、3つの問題があります。

1つは、**本人が知らないところで差別や不利益を被る危険性がある**ということです。AIの性能とビッグデータ解析精度の向上により、**既知の個人情報から要配慮の個人情報（持病、年収、嗜好、宗教など）を高い精度で推測できる**ようになったことで、推測された要配慮の個人情報をもとに、**将来の行動やリスクを予測**されてしまうのです。

ある持病を抱えたAさんが、就職活動でB企業に応募したとします。B企業がAさんの健康データを人工知能に調べさせたところ、「Aさんには持病があり、5年以内に重大な疾患にかかる恐れが80％以上」と判断しました。そのため、B企業はAさんに持病のことは告げずに不採用にしました。このとき、Aさんは本人のあずかり知らぬところで不当に差別されたといえるのではないでしょうか。

2つめは、推測された要配慮の個人情報が正しくない状態で個人情報に紐づけされ、不当に差別された場合には誰が責任を取るのか、ということです。3つめは、個人情報を持つ私たちの側が、こうした危険性をよく理解していないということです。

情報銀行とは何か

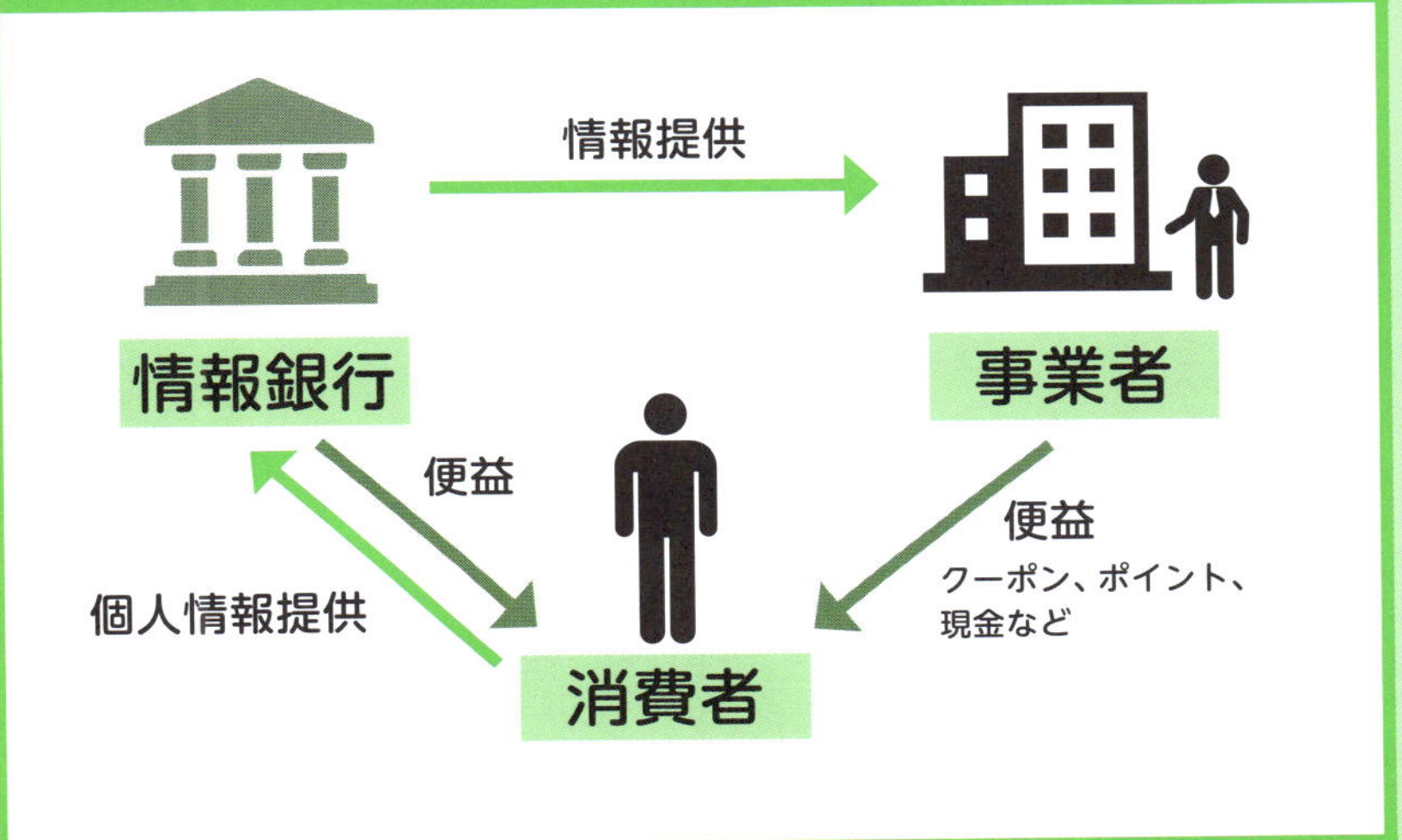

ビッグデータの危険性

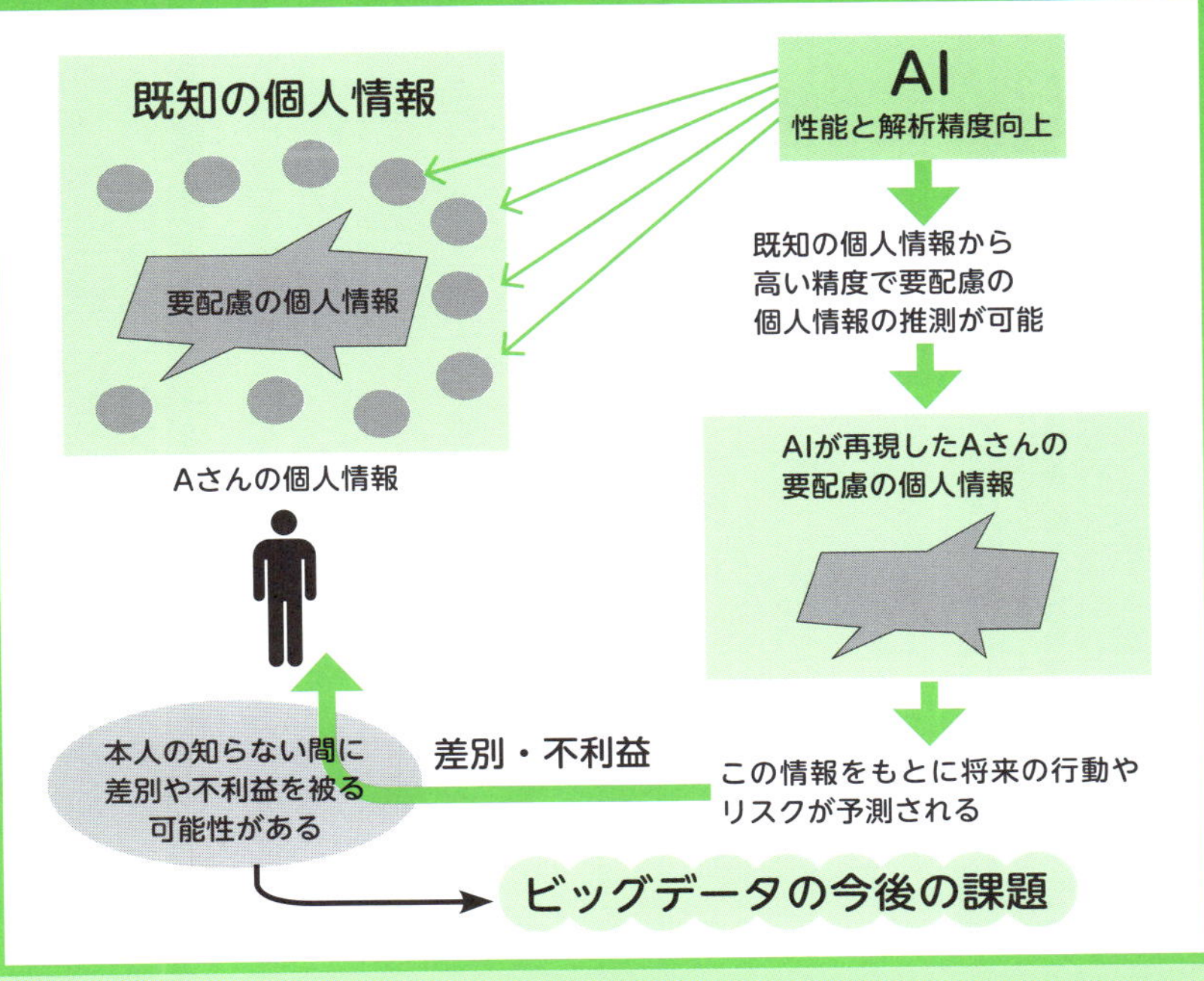

自動化が人類に与えるメリットとデメリット

ＡＩで自動化された世の中は生きやすいか

コンピューターの処理速度向上やＡＩ、ロボットによる業務の自動化技術が発展することで、さまざまな業務が自動化されることが指摘されています。ＡＩが記事を書く、インターネット通販で閲覧者に向けておすすめ商品を表示する、画像認識で商品をピッキングするなど、既に業務が効率化して成果が出ているものもあります。

ＡＩによって自動化できるのは、伝票入力や定型文書の作成などの一般事務、経費のチェックや計算などの会計事務、単純組み立てなどの生産工程など、誰でもある程度の訓練を積めばこなせる決まった作業の繰り返しの仕事です。技術革新による人材の流動化は、１９９０年代辺りからパソコンが普及することで従来の代筆業、タイピスト、速記などの仕事が衰退した反面、パソコンソフトのオペレーターなどの仕事が大幅に増えていったのと似ていますが、よりラディカルに進む可能性があります。

ＡＩやロボットによる自動化が進むと顕著になるのは、まずは「**ＡＩ格差**」でしょう。ＡＩを導入した企業は大幅な省力化と効率化を達成できますが、予算の関係で導入できないところは非効率なまま仕事を続けなければなりません。

次に省力化と効率化を達成した企業同士の競争で、勝者はさらに収益を上げ、新型のＡＩを開発し、投入していく――。経済・情報・ＡＩ格差はこれから一層広がっていくことが予想されます。

重要なのは、**いつの時代でも変化に対応しつつ新たな価値を生み出す仕事はなくなることはないということ**。ＡＩでは不可能なことに特化し、新たな働き方を模索する必要があるでしょう。

AIやAIロボットによる自動化

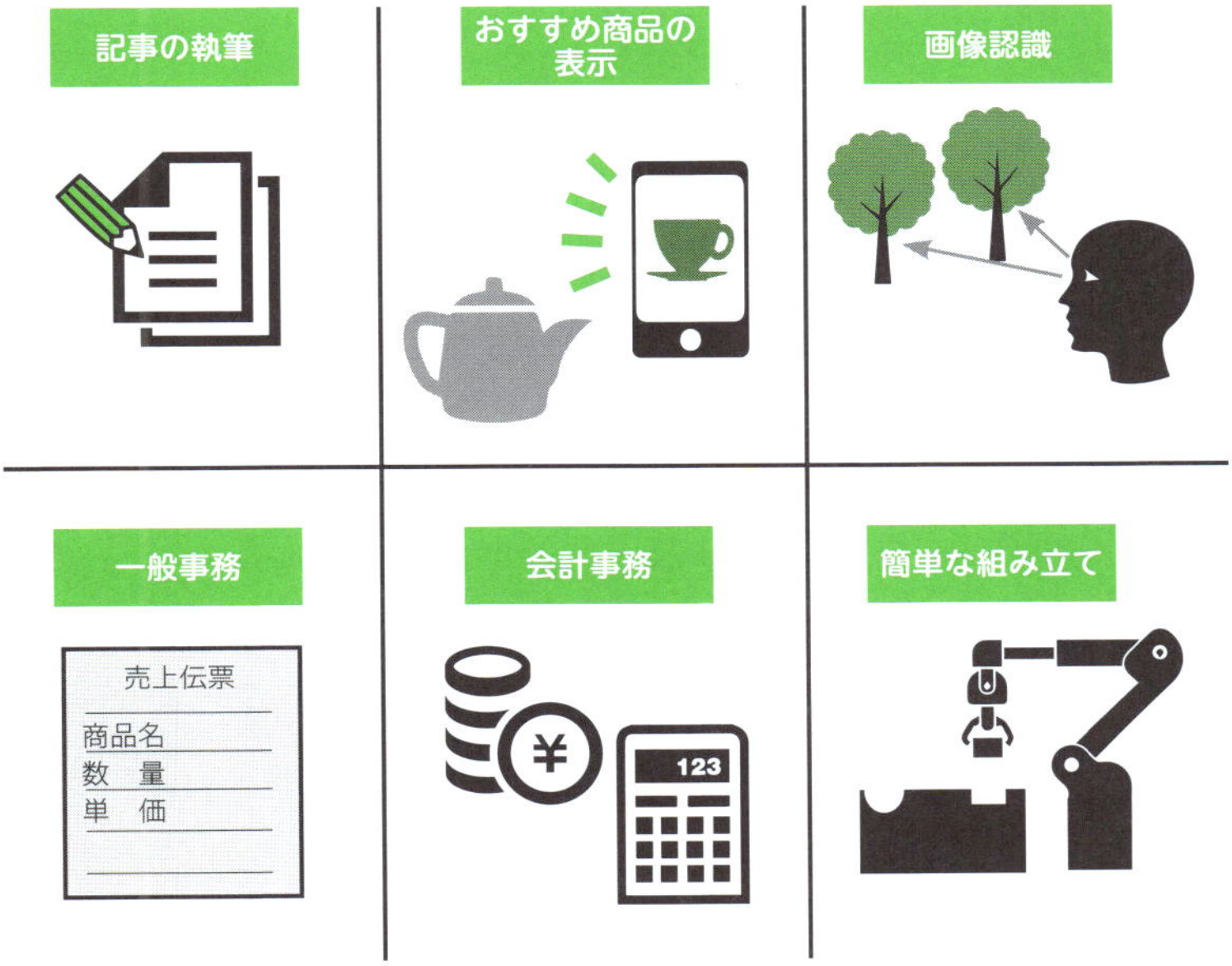

決まった作業の繰り返しが得意

AI格差とは何か

企業名	人工知能の導入	売上	効率
A社	○	↗	↗
B社	×	↘	↘

人工知能を導入するか否かで売り上げや労働効率などが向上する企業とそうでない企業の差が開くこと

AIと人類が共存するために必要なこと

100年後の人類はどう生きているのか

これから先、私たちは日常生活の中でAIやロボットたちと密接なつながりを持ちながら生活していくことになるでしょう。そのとき、私たちはどのように接していけばよいのでしょうか。

SF映画やアニメなどでは、ロボットが人間に反旗を翻《ひるがえ》したり、人間を支配したりするといった、人間とロボットが敵対する世界が描かれています。現実世界でも、米国の軍事用ロボットや、ロシアの無人AI兵器などが研究開発されています。

しかし**現段階のロボットは、あくまでも便利な「道具」**であり、人間の使い方次第でよくも悪くもなるのです。鉄腕アトムのような万能ロボットの実現はまだ難しいため、日常では単機能を強化した掃除や防犯ロボットなどが活用されるでしょう。また、人間とロボットとが相互補完する、例えば人には難しくコストがかかるが、ロボットの長所が生かせるもの――膨大なデータ処理、力仕事、長時間労働などの仕事を代行させていくことで比較的円滑に導入が進んでいく可能性が高くなります。

ここで大切なのは、現状では機能がそこそこであっても、**日常生活で使用され、その中で問題点を学習・改善し、アップデートしていく**――この繰り返しで**ロボットは進化していく**ということです。そしてロボットによる学習結果と人間が考えた適切な改善方法とを突き合わせていくことで、よりよい形で進化が進んでいくことでしょう。

さらには、日常生活に入り込んでくることでロボットの信頼関係を築いていけることも重要です。私たちがこれから迎えるのは、「ロボットと一緒に暮らしていく社会」なのですから。

AIやロボットは便利な道具

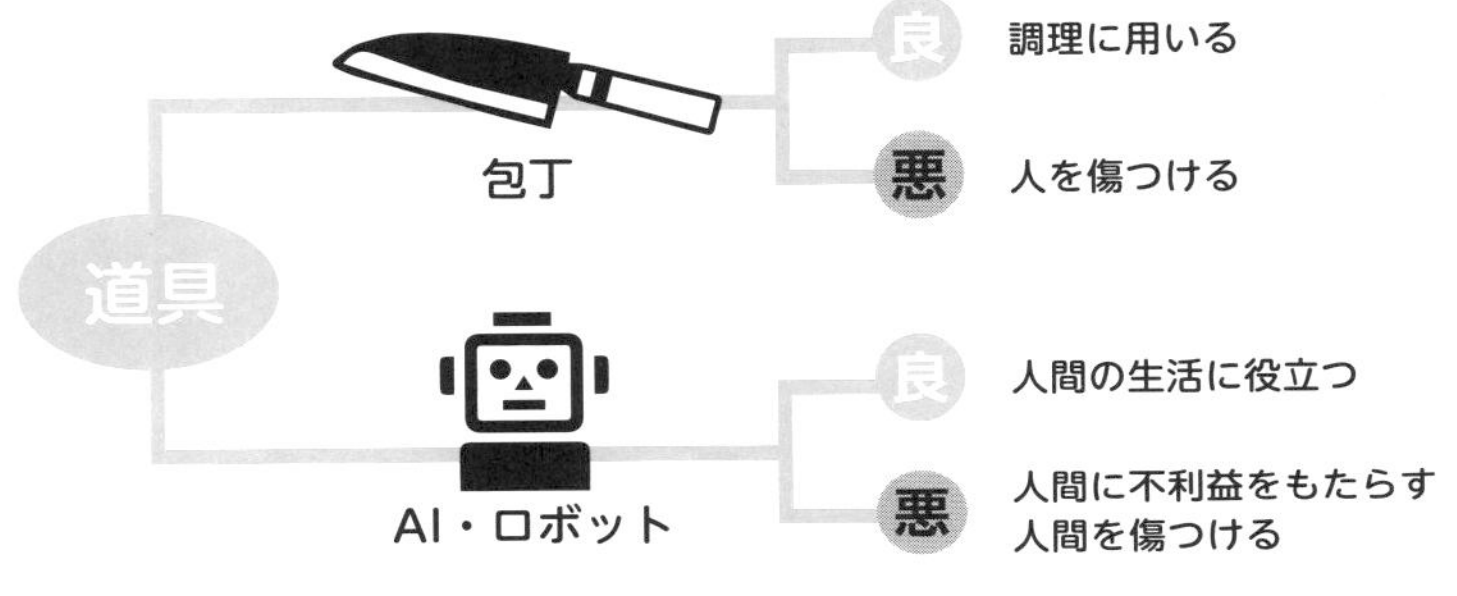

AIやロボットは人間の使い方次第でよくも悪くもなる

AIやロボットは日常生活の中で進化する

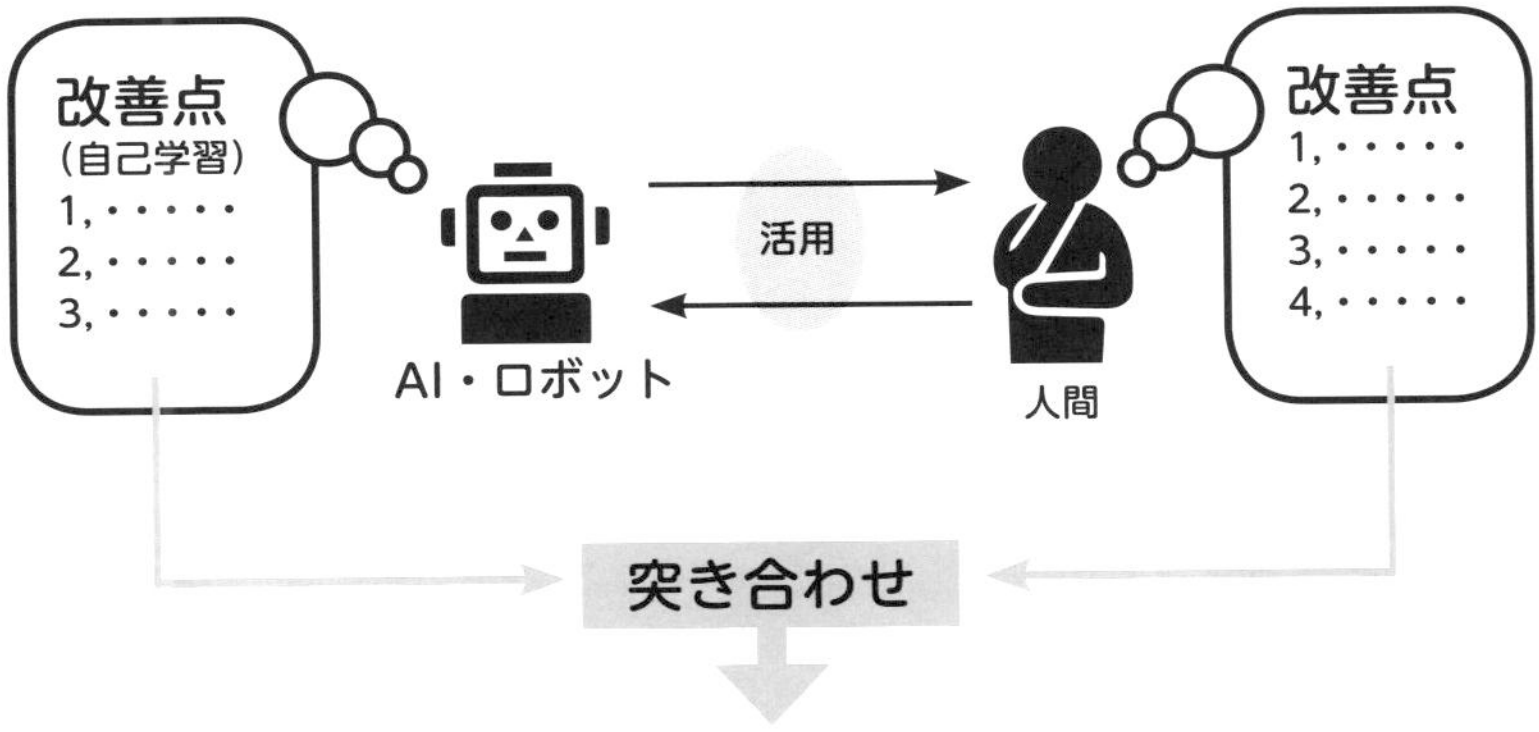

最終的にまとまった改善案

AI・ロボットにフィードバックして改善

人間社会の中で活用されることでAIやロボットはよりよい方向へ進化する

ＡＩやテクノロジーが変える人類の未来

テクノロジーの進化はどこまで続くか？

人間は、太古の昔から道具や技術を発明してできることを拡張し、その恩恵により人間の文化や社会、そして人間自身に影響を及ぼしてきました。

こうした進化が加速度的になったのは**約１５０年ほど前の産業革命**からで、**蒸気機関車**、**自動車**、**飛行機**、１９４０年代には**巨大なコンピューター**が開発され、現在ではそのコンピューターが掌《てのひら》にすっぽり入るくらいの**スマートフォン**となって日々の暮らしを支えてくれています。それでは、ＡＩやロボットが当たり前となった未来の生活はどのような形となっているのでしょうか。

インターネットやスマートフォン、**iPS細胞**などのように私たちの生活を一変させる技術が次々と登場していることからも、未来の予測はいかに難しいことかがわかります。しかし、人間の仕事がＡＩやロボットに置き換えられてしまうことや、仕事を奪われないようにするにはどうすればよいかという議論は既に始まっており、これは未来の予測を受けて現在が変わりつつあることを意味しています。

ＡＩやロボットにできないこと——自主的に考えて行動し、柔軟な思考や直感、他人とのコミュニケーションなどを通じてアイデアやイノベーションを培《つちか》うことなどが重要と考えられています。

ＡＩやロボットは「人間の脳や身体の構造を模したもの」と考えるのであれば、**ＡＩに向き合うということは、すなわち「人間」に向き合うことなのだといえるでしょう。**

ＡＩやロボットの未来を考えるということは、人間をもう一度しっかり見つめ直すことから始まるのかもしれません。

加速度的に進化する人間の技術

1940年代

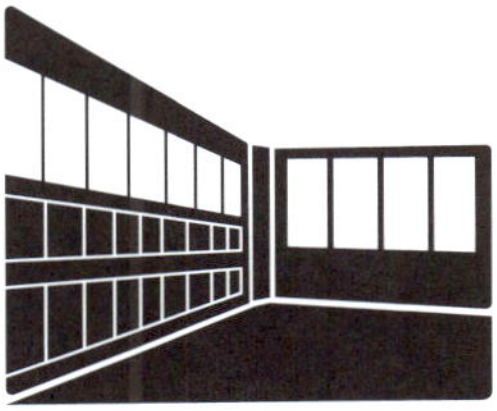

初のコンピューターは倉庫一個分（167m²）のサイズで重量が27トンもあった

小型化
軽量化
高速化

現在

スマートフォン

人間の技術は加速度的に進化を続けている

人工知能・ロボットの未来

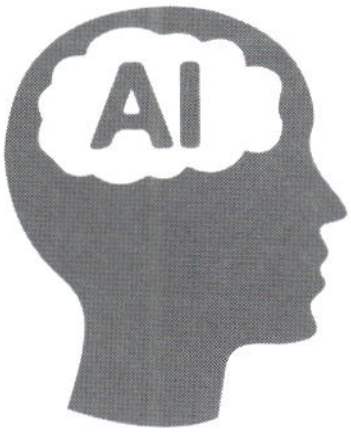

現在

未来予測

仕事の多くがAIやロボットに置き換わる
↓
どうすればよいか？
↓
人間の長所を生かすべきだ！
↓
人間にあって人工知能やロボットにはないものは？
↓
直感、柔軟な思考、他者とのコミュニケーション、発想、イノベーション

AIやロボットの未来を考えることは、人間を見つめ直すことから始まる

監修者プロフィール

三宅陽一郎（みやけ・よういちろう）

ゲームAI開発者。京都大学で数学を専攻、大阪大学大学院理学研究科物理学修士課程、東京大学大学院工学系研究科博士課程を経て、人工知能研究の道へ。ゲームAI開発者としてデジタルゲームにおける人工知能技術の発展に従事。国際ゲーム開発者協会日本ゲームAI専門部会チェア、日本デジタルゲーム学会理事、芸術科学会理事、人工知能学会編集委員。主な著書に『人工知能のための哲学塾』（ビー・エヌ・エヌ新社）、『人工知能の作り方』（技術評論社）、『なぜ人工知能は人と会話ができるのか』（マイナビ出版）、『〈人工知能〉と〈人工知性〉』（iCardbook）、共著に『絵でわかる人工知能』（SBクリエイティブ）、『高校生のためのゲームで考える人工知能』（筑摩書房）、『ゲーム情報学概論』（コロナ社）、監修に『最強囲碁AI アルファ碁 解体新書』（翔泳社）、『マンガでわかる人工知能』（池田書店）などがある。

□Facebook：https://www.facebook.com/youichiro.miyake
□Twitter：@miyayou
□slideshare：https://www.slideshare.net/youichiromiyake
□専用サイト：https://miyayou.com/

カバー／本文デザイン・図版作成　遠藤秀之（スタイルワークス）
執筆協力　志水照匡（乙羽クリエイション）
編集協力　アート・サプライ
イラスト　NEEE、松田実希

眠れなくなるほど面白い

図解 AI（人工知能）とテクノロジーの話

2018年12月10日　第1刷発行
2022年 4 月20日　第2刷発行

監修者　三宅陽一郎
発行者　吉田 芳史
印刷所　図書印刷株式会社
製本所　図書印刷株式会社
発行所　株式会社 日本文芸社
〒100-0003　東京都千代田区一ツ橋1-1-1　パレスサイドビル8F
TEL 03-5224-6460（代表）
URL https://www.nihonbungeisha.co.jp/

Printed in Japan 112181128-112220406 Ⓝ02　（300007）
ISBN978-4-537-21637-0

（編集担当：坂）